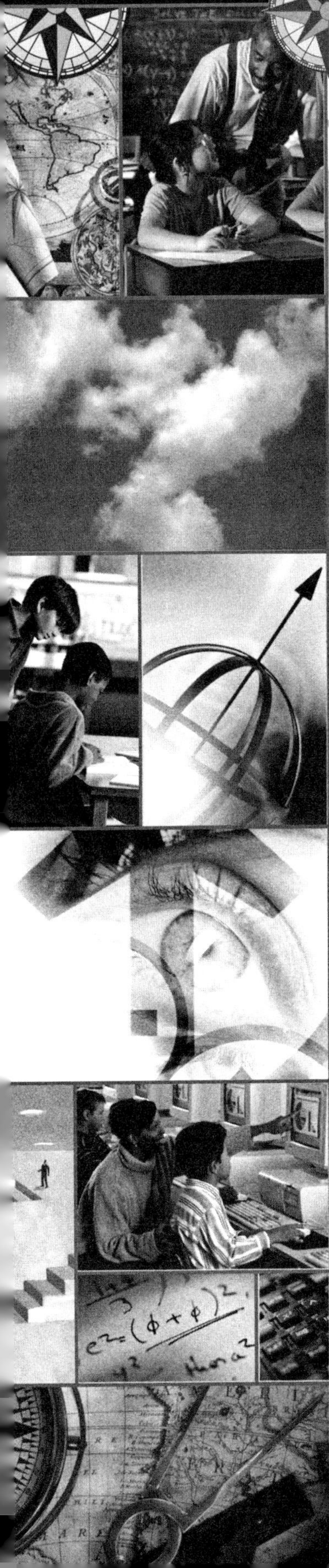

내비게이션 시리즈 4

기하와 함께하는 여행

유아 · 유치원–초등 2

미국수학교사협의회 지음

박만구 · 방정숙 · 정인숙 · 정인철 · 주미경 · 채정림 옮김

경문사

일러두기

• 이 책의 CD-ROM 자료는 경문사 홈페이지 www.kyungmoon.com 자료실에서 다운받으실 수 있습니다.

옮긴이 머리말

수학교육의 최종 실현은 실제 교육의 현장인 교실에서 가르치는 교사와 배우는 학생에 의하여 이루어진다고 할 수 있다. 우리나라에도 총론적인 이론서들은 많이 나와 있지만 교사들이 수업 현장에서 의미 있게 사용하고 적용할 수 있는 실제적인 자료는 아직도 매우 부족한 상황이다. 따라서 수학교육에 관심이 있는 초등학교 교사 또는 중등 수학교사들은 실제적인 아이디어나 정보를 얻을 수 있는 자료나 연수 기회를 찾고 있지만, 교사들의 요구를 충족시킬 만큼 체계적인 자료들이 많지 않다. 역자들은 그 동안 예비 초등 교사나 수학교사 교육을 담당하면서 적절한 자료들을 찾던 중 최근에 출간된 유용한 자료들을 발견하게 되었다.

본 내비게이션 시리즈는 수학에 관심이 있는 교사라면 이미 알고 있을 책으로 2000년에 미국수학교사협의회(NCTM)에서 발간한 ≪학교 수학의 원리와 규준≫(Principles and Standards for School Mathematics)에 제안되어 있는 내용을 교사가 교실의 학습 활동을 통하여 실현할 수 있도록 돕기 위해 구체적이고 실제적인 자료들을 각 영역과 학년군별로 나누어 제시한 책이다. 이 시리즈는 영역별로 적용 가능한 자료들을 교사에게 제공하고 있는데, 특히 책의 마지막 부분에는 복사하여 유용하게 사용할 수 있도록 학습 활동지가 첨부되어 있다. 또한 교사가 좀더 심층적인 자료를 찾아서 읽어 볼 수 있도록 관련 자료의 출처와 원문을 CD에 실어 참고할 수 있게 하고 있다.

이 책은 크게 4개의 장으로 구성되어 있는데 유아 · 유치원에서부터 초등학교 2학년까지의 학생들에게 적합한 2차원 · 3차원 모양, 장소와 위치, 변환과 대칭, 시각화 · 공간 추론 · 모델링을 지도할 수 있도록 다양한 자료를 제공하고 있다. 각 학습 활동은 요약, 학습 목표, 사전 지식, 학습 자료 및 교구, 활동, 토론으로 구성되어 있는데, 이 중에서 특히 '활동'은 도입하기, 탐구하기, 확장하기로 세분해서 학생들이 제시된 순서에 따라 주어진 주제를 자연스럽게 학습하고 점진적으로 확장해보게 하고 있다. 각 페이지 양쪽에는 한눈에 알아볼 수 있는 아이콘과 함께 ≪학교수학의 원리와 규준≫, 학습 활동지의 쪽수를 제시하고 있고 좀더 심층적인 연구를 할 수 있도록 논문 등 관련 자료에 대한 정보를 소개한다.

이 책의 각 장에서는 여러 가지 활동을 통해 학생들이 2차원과 3차원 모양의 특징과 속성을 분석해보고, 장소와 공간 관계를 묘사해보며, 뒤집기 · 돌리기와 같은 간단한 변환과 함께 선대칭 · 회전대칭을 알아보고, 다양한 관점에서 기하 모델을 이용하여 시각화와 공간 추론을 다루게 함으로써 기하적 사고의 핵심 요소들을 자연스럽게 접하게 하는 데 초점을 두고 있다.

교사들은 지도하고자 하는 학습 주제에 관련된 내용을 살펴보고, 적용 가능한 자료를 수업 전에 미리 찾아 우리나라의 상황에 맞게 재구성해볼 수도 있을 것이다. 역자들은 원본에서 표현하고자 한 본래의 의미를 훼손하지 않는 범위 내에서 용어들을 번안하려고 최대한의 노력을 했지만, 우리나라에서 흔히 사용되지 않는 용어들로 인하여 독자들이 다소 생소하거나 어색하게 느낄 수도 있다고 본다.

원리적인 측면에서 볼 때 교육과정에서 제안하고 규정하고 있는 어떤 원리나 개념을 지도하게 될 때, 특히 초등학교 학생들에게는 실질적인 수학적 활동을 통하여 핵심적인 수학 개념을 이해하고 이를 발전시킬 수 있는 기회를 제공해주어야 한다. 이를 위해서는 학생들이 먼저 수학의 본래 개념에 더 충실할 수 있고 수학에 대한 흥미를 가질 수 있도록 수학적인 의미가 내포된 활동을 잘 선택하여 제공하는 것이 무엇보다도 중요하다. 동시에 학습 활동의 내용이 각 학생 나름대로 어떤 의미를 부여할 수 있도록 하는 것도 중요하다. 여기에서 중요한 관건은 해당 개념에 대하여 어떤 자료를 사용하여 어떤 순서로 어떻게 지도하는가이다.

이 책에 나오는 각 주제 사이의 상호작용은 대단히 역동적이며 여러 가지 서로 관련된 학습 활동들을 통하여 학생들이 점진적으로 기하에 대해 세련되고 깊이 있는 이해를 할 수 있도록 하고 있다. 이 책에서 제안하고 있는 다양한 활동과 표현 방법들은 학생들로 하여금 수학적인 아이디어와 표현을 유기적으로 관련지어 볼 수 있도록 하여 수학적 다양성을 인지하게 하고 좀더 기하의 핵심 요소를 이해할 수 있도록 하고 있다.

아무쪼록 이 책이 더 재미있고 효과적이며 충실한 수학교육을 실현할 수 있도록 오늘도 학습 현장에서 수학공부에 별 흥미를 느끼지 못하는 학생들을 지도하느라 수고하고 계시는 많은 선생님들에게 신선한 아이디어를 제공하는 자료가 될 수 있다면 역자들에게는 큰 보람이 될 것이다. 끝으로 이 책이 번역되어 나오기까지 세심하게 다듬어 준 경문사 편집부에 감사를 드린다.

옮긴이 일동

이 책에 대하여

≪유아 · 유치원–초등 2학년의 기하와 함께하는 여행≫(Navigating through Geometry in Prekindergarten–Grade 2)은 학년 군(grade-band)별로 된 4권의 책 중에서 그 첫 번째 책으로 기하에 관련된 몇 가지 근본적인 아이디어를 어떻게 소개하고, 전개하며, 확장하는지를 제시한다. 이 책의 서론에서는 유아 · 유치원에서부터 고등학교 3학년에 이르기까지 기하 개념 발달에 관해 개관하고, 서론에 이어지는 4개의 장에서는 기하의 중요한 아이디어에 초점을 둔다.

1장은 2차원 도형과 3차원 도형을 다룬다. 2장은 장소와 위치를 기술하는 방법을 소개한다. 3장은 뒤집기 · 돌리기와 같은 간단한 변환과 함께 선대칭 · 회전대칭에 관련된 개념을 소개한다. 4장은 다양한 관점에서 시각화, 공간 추론, 작도의 구성 및 그리기를 다룬다.

각 장은 초등학교 2학년 말까지의 중요한 아이디어와 학생들에게 기대되는 목표에 대한 논의로 시작되어 학생들에게 이에 대한 핵심적인 아이디어를 소개하고 친숙해지게 하는 활동을 제시한다. 각 활동의 도입 부분에서는 권장하는 학년 수준과 활동을 요약한다. 달성해야 할 학습목표, 사전 지식, 그리고 활동을 수행하는 데 필요한 학습 자료 또한 제시되어 있다. 몇몇 활동은 활동지를 함께 사용해야 하는데 이것은 아이콘으로 표시된다. 이러한 활동지는 자료 목록에서 확인할 수 있고 부록에 해답과 함께 제시된다. 또한 이 책과 함께 제공하는 CD-ROM에서도 인쇄하여 사용할 수 있다. CD 역시 아이콘으로 표시해 놓았는데, 여기에는 학생들이 조작해 볼 수 있는 애플릿이 들어 있고 전문성 발달을 위한 자료도 포함되어 있다.

모든 활동은 똑같은 형식으로 구성되어 있다. 각각 "도입하기", "탐구하기", "확장하기"라는 세 개의 부분으로 되어 있다. "도입하기" 부분은 학생들의 흥미를 이끌 수 있도록 고안된 과제를 제시한다. "탐구하기"는 모든 학생들이 할 수 있어야 하는 핵심적인 탐

아이콘의 종류

원리와 규준

학습 활동지

CD-ROM

위와 같이 세 개의 다른 아이콘이 있다. **원리와 규준**은 ≪학교수학의 원리와 **규준**≫에서 인용된 자료를 가리키고 **학습 활동지**는 학습 활동지를 가리키며 이것이 부록의 어디에 있는지 그 위치를 알려준다. 마지막으로 **CD-ROM**은 이 책과 함께 딸려 있는 CD-ROM에 있는 보충자료를 나타낸다.

색을 제시한다. "확장하기"는 계속적인 관심을 보이며, 더 도전적인 수학을 하기 원하는 학생들을 위해 부가적인 활동을 제시한다. 이러한 활동 전반에 걸쳐 학생들이 수학적 아이디어를 더 깊게 생각해보도록 자극하는 질문들이 제기된다. 일부 질문 다음에는 가능한 답변들을 괄호 안에 제시한다. 여백에는 지도를 위한 도움말, 학습 활동지 사본, ≪학교수학의 원리와 규준≫(NCTM, 2000)으로부터 인용문 등이 제시되어 있다.

각 활동 다음에 이어지는 논의를 통해 각 활동이 교육과정에 있어서 다른 교과목 요소 및 과정 요소에 어떻게 연계되는지를 알아보고, 학생들의 수행 능력에 관한 통찰을 할 수 있게 해주며, 어려움을 겪거나 더 심화된 활동을 필요로 하는 학생들을 위해 해당 활동을 변형하는 방법을 제안한다. 학년 수준이 제시되어 있기는 하지만 대부분의 활동은 유아 · 유치원부터 초등학교 2학년까지의 다른 학년 학생들을 위해 수정하여 사용될 수 있다. 교사는 어느 특정한 학생들을 위해서 각 활동에 대한 수정 계획을 세울 때 학생들에게 적절한 수학적 어휘, 설명의 명료성, 학생들의 해결 방법에 대한 근거, 학생들의 산출물에 대한 복잡성에 주의해야 한다.

유의사항: 이 책은 해당 학년 군 수준에 있어서 기하에 관한 완벽한 교육과정을 제공하기 위한 것이 아니다. 오히려 이 책은 다른 교수 자료들과 함께 사용되어야 한다.

차례

서론

고대 문명에 의한 수학의 발달과 개개 인간의 지적 발달 측면에서 물리적 환경에 대한 공간적·기하적 속성은 초기에 나타난 수학적 아이디어 중의 하나이다. 기하를 통해 우리는 물리적 세상을 기술하고 분석하며 이해할 수 있기 때문에 수학의 핵심적인 위치에 기하가 있다거나, 학교수학 교육과정에서 기하에 초점을 두어야 한다고 하는 것은 전혀 놀라운 일이 아니다.

어린아이들이 학교에 입학할 때 이미 공간과 모양에 대한 기초적인 개념을 가지고 있으며, 이는 수년에 걸쳐 개발되어야 하는 기하적 지식과 공간 추론의 기초가 된다. ≪학교수학의 원리와 규준≫(NCTM, 2000)은 유아 · 유치원부터 고등학교 3학년 교육과정 전반에 걸쳐 기하의 중요성을 인식하고 다음과 같은 학습을 강조한다.

- 2차원 도형과 3차원 도형의 특징과 성질을 분석하고 기하 관계에 대해 수학적으로 논쟁할 수 있다.
- 좌표 기하와 다른 표현 체계를 이용하여 위치를 확인하고 공간 관계를 기술할 수 있다.
- 수학적 상황을 분석하기 위해 변환을 적용하고 대칭을 활용할 수 있다.
- 문제를 해결하기 위하여 시각화, 공간적 추론, 기하 모델링을 활용할 수 있다(41쪽).

기하는 우리 주위에 있는 세상의 구조를 기술하고 분석하며 이해할 수 있는 수단을 제공할 뿐만 아니라, 수와 측정과 같은 수학의 다른 측면을 보충하고 지지해주는 수학 경험을 가능하게 한다.

기하는 수학의 모든 분야, 다른 학교 교과목, 일상생활의 적용 문제를 표현하고 해결하기 위한 강력한 도구를 제공한다. ≪원리와 규준≫은 기하 개념과 추론이 학교수학 교육과정에서 어떻게 발달되고 심화되어야 하는지에 대한 비전을 제시한다. ≪기하와 함께하는 여행≫이라는 이 책은 이러한 비전을 설명해주는데, 구체적으로 중요한 기하 개념을 어떻게 도입하는지, 어떻게 심화시키는지, 각 학년 군 말미에 학생들에게 무엇을 기대할 수 있는지, 학생들이 알고 있는 것을 어떻게 평가할 수 있는지, 그리고 대표적인 교수 활동이 ≪원리와 규준≫의 비전을 교실 관행과 학생 학습으로 어떻게 구체화될 수 있도록 도와주는지 제시한다.

기하적 사고의 핵심 요소

기하 규준은 **모양(shape)**을 중요한 통합적 아이디어로 강조하는데, 이는 2차원 대상과 3차원 대상의 특징과 속성을 분류하고 기하 관계에 대한 수학적 논의를 개발하는 능력이다. **장소(location)**는 위치(position)를 분명하게 하고 다양한 표현 체계를 활용하여 공간 관계를 기술하는 능력이다. **변환(transformations)**은 수학적 상황을 분석하기 위해 움직임, 대칭, 비례적인 크기 조정을 적용하는 능력이다. 그리고 **시각화(visualization)**는 심적 이미지를 창조하고 조작하며 문제를 해결하기 위해 공간 추론과 기하적 모델링을 적용하는 능력이다. 학교 교육과정을 통해서 위와 같은 각각의 기하적 사고의 요소들을 육성하고 개발해야 한다.

1. 모양의 특징과 속성 분석하기

아주 어린아이들조차 정규 학교교육을 시작할 즈음에는 이미 모양에 대한 많은 개념을 가지고 있다. 물론 이 시기의 아이들은 대부분 일반적인 외형에 의해서 모양을 인식하는 수준이고 대부분 상자나 공과 같이 익숙한 물체로 대상을 말한다. 저학년 때 아이들은 자신들의 이해에 초점을 두고 정교화하며, 점진적으로 수학적 어휘를 개발할 수 있는 기회를 많이 가져야 한다. 아이들은 또한 변과 "모퉁이(corners)", 즉 꼭짓점과 같이 2차원과 3차원 모양의 부분을 인식하고 이름 붙이는 것을 배워야 한다. '정사각형은 모든 네 변이 똑같은 길이를 갖는 특별한 직사각형이다.' 또는 '각뿔은 항상 하나의 공통점에서 만나는 삼각형 모양의 면으로 구성되어 있다.' 와 같이 학생들이 다양한 모양의 속성에 초점을 맞출 수 있도록 교사는 공학을 포함하여 자료를 활용하는 구체적 경험을 자주 제공해야 한다. 이러한 결과를 도출하는 경험에는 모양을 만들고 그리기, 모양을 비교하고 어떻게 같은지 다른지 기술하기, 모양을 하나 또는 그 이상의 속성으로 분류하기, 모양을 부분으로 자르거나 구별하고 원래의 모양이나 다른 모양을 만들기 위해서 부분들을 다시 구성하기, 일상적인 모양에서 또는 학교, 집, 주변 환경에서 찾을 수 있는 모양 확인하기가 포함된다. 이러한 활동을 통해서 교사는 아이들이 전형적인 모양의 예와 예가 아닌 것을 접해 보고, 여러 가지 다른 문맥에서 그 예들을 살펴봄으로써 어떤 재질로 만들어졌든지 또는 공간에서 어떻게 위치해 있든지에 상관없이, 예를 들어 삼각형 또는 직사각형이라고 인식하는 것을 배울 수 있도록 주의해야 한다.

학생들이 초등학교에서 학년이 올라감에 따라 점점 더 복잡한 2차원 모양과 3차원 모양을 확인하고 비교하며 분류하고 분석하는 것을 계속해야 하며, 수학적 어휘를 확장해야 하고 모양과 속성을 기술하는 능력을 정교하게 해야 한다. 이렇게 함에 따라 학생들은 각뿔의 모임 또는 평행사변형의 모임과 같이 모양의 집합(classes of shapes)에 대한 일반화를 개발하기 시작하고 그러한 모양의 집합에 대해 정의하기 시작한다. 학생들은 또한 2차원 모양과 3차원 모양에 대한 학습뿐만 아니라 점, 선, 각, 그리고 평행과 수직과 같은 더 정교한 관계를 학습하기 시작한다. 이후 학생들은 넓이와 둘레의 성질을 탐색하기 시작하고, 그러한 측정 개념과 관련된 문제들을 제기하기 시작한다. 예를 들어, 칠교 조각을 활용하여 직사각형, 사다리꼴, 그리고 직사각형 모양이 아닌 평행사변형과 같이 다른 모양의 도형들이 동일한 넓이를 가지는지 탐색할 수도 있다. 학생들은 또한 합동과 닮음의 개념을 개발하고 탐구하는데, "정확히 일치하는 모양(합동)" 또는 "확대하는 것"이나 "축소하는 것"을 제외하고 "비슷해 보이는 모양(닮음)"이라고 표현할 수 있다. 초등학교 3학년에서 5학년까지는 기하 성질 및 관계에 대해서 추측하고, 이러한 추측을 강조하거나 반박하는 데 초점을 두어야 한다. 예를 들어, 학생들은 정사각형의 한 변의 길이가 다른 정사각형의 한 변의 길이보다 2배 길면, 더 작은 정사각형 4개로 더 큰 정사각형을 "덮거나(cover)" "딱 맞는다(fit inside)"는 것을 타일이나 모눈종이를 이용하여 보여줄 수 있다. 또한 학생들은 동일한 넓이를 가진 직사각형, 사다리꼴, 직사각형이 아닌 평행사변형이 반드시 동일한 둘레를 가지지는 않는다는 것을 보여주기 위해 측정할 수도 있다.

중학년에서는 저학년 때 개발된 비형식적 지식과 직관적 개념을 조심스럽게 시험하고 더 정확하게 묘사하게 된다. 길이, 둘레, 넓이, 부피, 각도와 같은 다양한 성질을 설명하기 위해서 묘사하고 정의하며 분류하는 도식(schemes)을 사용하게 되는데, 학생들은 이러한 특징을 사용하여 좀더 정교한 관계를 분석할 수 있어야 한다. 예를 들어, 사각형을 분류하는 도식을 개발하게 되면, 학생들은 어떤 사각형(예, 정사각형)을 다른 사각형(예, 직사각형이나 마름모)의 특별한 경우나 부분집합으로 나타낼 수 있게 된다. 동시에 학생들은 모든 정사각형은 직사각형이지만 모든 직사각형은 정사각형이 아니라는 것과 같이 좀더 정교한 용어들을 사용할 수 있어야 한다. 중등 수준의 학생들은 특정 도형군을 정의하기 위해서 어떤 성질이 필요한지에 대하여 연구해야 한다. 예를 들어, 학생들은 다음 질문을 탐색할 수 있다. 마름모의 많은 특징, 즉 합동인 변, 평행인 대응변, 합동인 대응각, 서로 이등분하는 대각선, 수직인 대각선 중에서 어떤 특징이 마름모를 정의하는 데 사용될 수 있는가? 그리고 어떤 특징으로 마름모를 모든 다른 사각형과 구별 지을 수 있는가? 같은 맥락에서 **합동**, **닮음**을 포함한 이외의 개념들이 저학년에서 소개되는데 중등 수준 동안에는 피타고라스의 정리와 둘레, 넓이, 부피를 측정하는 공식을 포함해서 더 정확하게, 더 정량적으로 개념화되어야 한다. 이러한 탐구들은 모두 구체적 조작 활동과 탐구형 기하(Dynamic Geometry®) 소프트웨어의 지원을 받아 실행되어야 하고, 학생들이 추측해보고 그러한 추측을 확인해보며, 자신들의 결론을 정당화하기 위해서 귀납적 추론과 연역적 추론에 기초하여 설득력 있는 논쟁을 만들어보도록 격려해줘야 한다.

학생들이 고등학교에 갈 때쯤이면, 이전에 개발한 기하 지식을 확장하고 적용하여 추측을 만들어보기도 하고 반박할 수 있어야 하며, 이전에 정립한 사실로부터 새로운 사실을 도출할 수 있어야 하고, 기하 문제를 해결할 수 있어야 한다. 학생들은 특정한 문제나 사례를 통해 얻은 지식을 확장하여 더 일반화할 수 있어야 하고 결과적으로 기하적인 추측의 타당성을 따져보고 정리를 증명하며, 다른 사람들이 제기한 논쟁에 대해서 비평할 수 있어야 한다. 학생들이 이렇게 할 때, 그들은 정의와 공리의 역할을 이해하기 위해서, 그리고 논리적인 수학적 연결을 감상할 수 있도록 (예를 들어, 한 결과가 임의의 평행사변형에 대해서 사실이라면, 이것은 자동적으로 모든 직사각형과 마름모에도 적용되는 것이다.) 자신들의 지식을 체계적으로 정리할 수 있어야 한다.

2. 장소를 명시하고 공간 관계 묘사하기

우리가 어디에 있느냐(장소), 얼마나 멀리 있느냐(거리), 어느 방향이냐(방향), 어느 쪽으로 치우쳐 있느냐(위치) 하는 문제의 대답을 구할 때 장소 관계와 공간 관계의 중요성이 나타난다. 전형적으로 다른 물체와의 관계를 물어보는 질문을 했을 때 아이들의 첫 대답은 의자 위에, 책 옆에, 침대 아래 등과 같이 나타난다. 저학년에서 교사는 학생들이 가지고 있는 개념을 이용하여 장소 · 공간 감각을 향상시킬 수 있도록 도와줘야 한다. 실재하는 물건을 이용하여 가끔은 이야기를 그림으로 그려가면서, 물리적 관계를 직접 체험해보면서 아이들은 위에, 아래, 앞에, 뒤에, 사이에, 왼쪽으로 있는, 오른쪽으로 있는, 옆에, 그리고 다른 상대적인 위치 관계의 의미에 대하여 배우게 된다. 여기에 때가 되면 아이들은 '세 걸음 앞으로' 와 같은 거리와 방향에 대한 개념을 더하면서, 이러한 진술을 혼합하여 경로를 묘사하는 것을 배운다. (예, 문 쪽으로 걸어가라, 왼쪽으로 돌아라, 복도 끝까지 가라.) 학생들은 장소, 거리, 공간에 대한 물리적 개념을 말로 지시하는 것과 다이어그램이나 지도로 표현하기 시작하고, 숨겨진 대상을 찾거나 원하는 목적지에 다다르기 위한 수단으로써 구두 지시를 따르고 지도를 읽는 방법을 배운다. 장소를 표현하는 기술이 늘어남에 따라 학생들은 "얼마나 먼지" 더 잘 의사소통하기 위해서, 예를 들어 거리를 측정함으로써 또는 장소를 더 정확하게 기술하기 위해서 간단히 좌표 체계를 추가함으로써 양적으로 좀더 자세하게 표현할 수 있어야 한다.

초등학교 3학년에서 5학년 학생들은 장소, 방향, 거리에 대한 자신들의 이해를 더 복잡한 상황에 적용하게 된다. 학생들은 더 정교하게 측정을 하게 되고 두 지점 사이에 하나 이상의 경로가 있는지 또는 최단거리가 있는지 알아보기 위해서 상황을 탐색하기 시작한다. 이 시기 동안에 학생들은 어떤 위치 관계는 상대적이거나(예, **왼쪽**, **오른쪽**) 주관적(예, **가까이**, **멀리**)인 반면에, 다른 관계는 고정되어 있고(예, **북쪽**, **서쪽**) 모호하지 않으며(예, **사이에 있는**), 모든 지시가 항상 상호교환 가능한 것은 아니라는 점을 인식할 수 있어야 한다. (예, 북쪽으로 2블록 간 다음 서쪽으로 3블록 가는 경우와 서쪽으로 2블록 간 다음 북쪽으로 3블록 가는 경우에 도착점이 다르게 된다. 그러나 서쪽으로 3블록 가고 북쪽으로 2블록 가는 경우와 북쪽으로 2블록 가고 서쪽으로 3블록 가는 경우는 같은 도착점에 이르게 된다.) 학생들은 또한 점차적으로 오리엔테이션에 관심을 기울여야 한다. 원래의 위치로부터 반사되었는지 또는 회전되었는지 알아보기 위해 대상의 방향을 점검해야 하는데, 이런 것들은 뒤에서 논의할 변환이라는 아이디어와 밀접하게 관련된다. 그래프 표현이 가능한 모눈종이, 물리적 모델, 컴퓨터 프로그램을 활용하여 학생들이 장소와 위치 개념을 탐색하는 것은 특별히 편리하고 적절하다. 계속하여 모눈종이를 활용하면서, 학생들은 좌표를 나타내기 위해서 순서쌍으로 구체화하는 것을 배워야 하고, 특정 지점을 표시하고 경로를 묘사하며 격자 선을 따라서 거리를 결정할 때 좌표 체계를 사용하는 방법을 배워야 한다.

중학교에서는 초등학교에서 정립된 아이디어를 계속하여 발달시켜야 한다. 더욱이 학생들이 좌표 기하를 적용하여 모양과 관계에 대한 공부를 하게 됨에 따라 대수적 개념을 개발하는 것과 장소와 거리라는 기하 아이디어를 연결지을 수 있다. 예를 들어, 대수에서 일차 함수에 대한 연구는 다각형의 변을 구성하는 선분의 기울기와 관련되고, 이러한 값은 반대로 다각형을 분석하고 분류하기 위해 사용되는, 변의 평행이나 수직 관계를 알아보기 위해 사용된다. 마찬가지로 피타고라스 관계는 두 점 사이의 거리나 선분의 길이를 결정하기 위해서 좌표 평면에 적용되고, 이러한 좌표 평면은 선분의 중점을 표시하기 위해서 사용될 수 있다.

고등학교 학생들은 이전 학년에서 활용한 데카르트 좌표 체계를 극, 구, 내비게이션 시스템을 포함하여 다른 좌표 체계로 확장시켜야 하고, 이것을 활용하여 기하 관계를 분석할 수 있어야 한다. 학생들은 또한 서로 다른 좌표 표현을 변환할 수 있어야 하고, 각각의 표현 체계는 특정한 상황에서 특정한 이점을 가지고 있다는 점을 이해해야 한다. 이 시기의 학생들은 또한 장소, 거리, 방향, 위치를 포함한 문제를 해결하기 위해서 삼각함수 관계를 적용하는 것을 배워야 하고, 기하와 대수의 연결을 강화하기 위해서 분석적인 방법을 지속적으로 사용할 수 있어야 한다.

3. 변환과 대칭 적용하기

아이들이 일찍이 알게 되는 기하적 발견 중의 하나는 모양을 변화시키지 않고 움직일 수 있다는 것이다. 즉, 삼각형을 뒤집거나 탁자 건너 쪽으로 밀어도 여전히 동일한 삼각형이고, 퍼즐을 맞추기 위해 퍼즐 조각을 돌릴 필요가 있을 수 있다. 이러한 직관은 학생들이 학교에 입학할 때 변환을 공부하기 위한 출발점이다. 초등학교 시기에 공간 학습에 관한 이러한 중요한 성질은 학생들로 하여금 밀기, 뒤집기, 돌리기와 같은 움직임을 탐색하게 하는데, 그러한 이동으로 인해 대상의 장소나 오리엔테이션은 변하지만, 크기나 모양은 변화하지 않는다는 것을 발견하게 된다. 초등학교 교사는 학생들이 종이를 접고 타일의 디자인을 따라 그려보고 만들어보며 거울을 이용하여 반사되는 모양을 탐색해보면서 비형식적으로 학생들이 대칭 모양을 찾아보고 묘사하며 탐색하도록 안내해야 한다. 예를 들어 블록을 위해 "재킷(jacket)"을 만들어 주기 위해서 직각기둥의 전개도를 접는 것과 같이 초등학교 학생들이 즐기는 탐색을 통해 2차원 모양과 3차원 모양 간의 관계를 알아볼 수도 있다.

초등학교 학생들이 고학년으로 올라감에 따라 밀기, 뒤집기, 돌리기와 같은 비형식적인 개념을 평행이동, 반사, 회전이동과 같은 더 정교한 개념으로 학습하게 되고, 그러한 변환을 묘사하기 위해서 매개변수(parameter)를 사용하는 데 관심을 기울이게 된다. 예를 들면, 오른쪽으로 10센티미터만큼 정사각형을 밀기(평행이동하기), 삼각형을 빗변에 대해 뒤집기(반사하기), 시계방향으로 그림을 반의 반 바퀴 돌리기(회전이동하기) 등이다. 학생들은 또한 한 도형을 움직여서 다른 도형과 정확하게 들어맞으면 두 도형은 합동이라는 것을 증명하기 위해서 변환을 사용할 수 있다는 점을 학습해야 한다. 그런 다음 이러한 개념을 확장하여 합동을 증명하기 위해서 일련의 이동을 수학적으로 묘사하거나, 물리적 대상을 가지고 실제로 이동해보거나 기호로 표현하기 전에 특정한 변환의 결과를 예상하면서 모양을 시각화하고 마음속으로 조작해보게 해야 한다. 또한 이러한 정교성을 대칭에도 확장할 수 있는데, 학생들이 대칭적인 도형이나 디자인을 보고 모든 대칭축이나 회전의 중심 및 양을 구체화하는 것을 배우게 된다.

초등학교 6학년에서 중학교 2학년 동안에는 공간적 아이디어와 기하적 아이디어를 탐구하는 데 변환 기하학이 강력한 도구가 된다. 합동, 대칭, 다각형의 성질에 대하여 학생들이 좀더 깊이 이해할 수 있도록 하기 위해서 엄밀한 변환이 사용될 뿐만 아니라, 확장과 비례축소 및 닮음의 개념 역시 이 시기에 도입되는데, 이런 개념들은 비례 추론과 밀접하게 관련되어 있다. 추가적으로, 이 시기의 학생들은 변환에 대해 공부할 때, 예를 들어, 평행선에 대해서 두 번 연속하여 반사한 결과를 일반화할 수 있어야 하고, 그 결과를 교차선(intersecting lines)에 대해서 두 번 연속하여 반사한 결과와 비교할 수 있어야 한다. 학생들은 또한 변환을 양적으로 표현하고 형식화하기 시작해야 한다. 예를 들어, 반사에서 원래 도형의 각 꼭짓점으로부터 대칭축까지의 거리와 반사된 이미지의 각 대응점으로부터 대칭축까지의 거리가 같다는 사실을 알아야 한다. 그러한 탐색을 하는 데 거울 및 반사를 탐색할 수 있는 다른 도구, 탐구형 기하 소프트웨어와 같은 물리적 조작물을 특별하게 사용할 수 있다.

고등학교에서는 등장(isometry)과 확장(dilation)을 포함하여 변환을 기술하고 탐색하기 위해서 함수 표기법, 좌표 체계, 벡터, 행렬을 사용함으로써 변환에 대한 학습을 심화하게 된다. 학생들은, 예를 들어, $y=x$에 대한 반사를 행렬로 표기하는 것과 기초적인 "도구"를 개발해야 하고, 변환의 합성과 행렬의 곱셈을 서로 관련지어야 하며, 문제를 해결하기 위해서 이러한 개념들을 적용할 수 있어야 한다.

4. 시각화, 공간 추론, 기하 모델 이용하기

2차원이나 3차원 대상물의 심상적 이미지를 만들어내는 능력, 여러 관점에서 대상물이 어떻게 보이는지 시각화하는 능력, 한 물건이 다른 대상과 관련하여 어떤 위치에 있는지 설명하는 능력, 3차원의 대상에 대해 2차원적인 묘사를 할 수 있는 능력, 한 번 또는 그 이상의 변환의 결과로 얼마나 다양한 모양이 만들어지는지 예측할 수 있는 능력, 다양한 수학적 상황을 모델링하기 위해 공간적 표현을 창조하는 능력은 기하 학습의 가장 중요한 효과이다.

어린 아동들은 처음에 물리적 대상을 조작하고, 그 후에 자신들의 구체적인 조작을 심상으로 확장하면서 공간 시각화 능력을 발달시키기 시작한다. 저학년 교사들은 아동들에게 숨겨진 대상을 회상하고 묘사하게 하거나, 다른 쪽에서 대상을 보았을 때 어떻게 보이는지 묘사하게 하는 활동을 통해 아동들의 공간 기억 능력과 공간 시각화 능력을 발달시킬 수 있다. 교사들은 또한 아동들로 하여금 주어진 모양을 특정한 방법으로 두 개로 잘랐을 때 어떻게 될 것인지 상상해본 후 탐구하고 확인해보는 활동을 하게 할 수도 있고, 같은 대상을 다른 방식으로 잘랐을 때 어떤 결과가 나타날지 예측하고 증명하는 활동을 하게 할 수도 있다. 또한 아동들은 아마도 칠교판을 가지고 새로운 모양을 만든 후 교대로 그 모양을 묘사하는 활동을 통해 여러 가지 모양을 가지고 실험을 하고 그것을 묘사할 기회를 가져야 한다. 또한 아동들은 간단한 지도를 읽고 그리거나, 예를 들어 학급 친구에게 교실에서 식당으로 가는 길을 말로 지시하는 것과 같이, 지시를 하고 따르는 것을 배워야 한다. 예를 들어 홀수는 그렇지 않은데 짝수는 항상 똑같이 두 줄로 배열할 수 있다는 것을 보여준다거나 미술 시간 또는 체육 시간에 공간 개념을 강조함으로써, 다른 주제 및 과목과 연결하여 공간 시각화를 개발할 기회는 많다. 아동들은 공간 추론 능력과 기하 모델링이 수, 자료, 측정과 연관되면서 수많은 응용이 가능한 여러 가지 문제들을 이해하고 해결하는 데 기여한다는 것을 배울 기회를 충분히 가져야 한다.

초등학교 3학년에서 5학년 학생들은 모양들 간의 공간적 속성과 관계에 대해서 더 잘 추론하게 된다. 학생들은 정원의 넓이를 계산하는 데 있어서 직사각형으로 나누거나, 원래 사각형을 자르고 다시 배열하여 만든 직사각형의 넓이를 계산하면서 사다리꼴이나 평행사변형의 넓이와 관련지어 보는 전략을 개발할 수도 있다. 이 시기의 학생들에게는 2차원적 표현을 보고 3차원의 대상을 만들거나 그 반대로 3차원의 대상을 보고 2차원으로 표현하는 방법을 발견할 때, 입체 모양을 만들거나 접을 때, 어떤 전개도가 특정한 각기둥으로 접힐 수 있는지 없는지를 예측하기 위해 전개도를 검사할 때, 숨겨져 있는 부분을 정확하게 묘사하기 위해 머릿속에서 모양을 조작해보는 활동을 할 때, 3차원 모양과 2차원 표현을 연결하는 것이 중요한 주제가 된다. 다른 문맥뿐만 아니라 수학의 모든 영역에서 문제를 해결하기 위해 기하의 추론과 모델을 적용하는 것은 지속적으로 교육과정의 주요 초점이 되어야 한다.

저학년에서 나타나는 공간 시각화와 기하 추론 능력은 거리, 넓이, 부피, 겉넓이, 각도 측정 및 다른 정량적인 속성을 포함하는 문제를 해결하는 초등학교 6학년에서 중학교 2학년 학생들에게 더욱 정련되고 정교화되어야 한다. 학생들이 선택된 모양의 길이, 넓이, 부피를 계산하기 위해 중요한 공식을 개발하고 이해하며 적용할 수 있도록 지도해야 한다. 학생들이 물리적 모델이나 적절한 공학을 이용하여 관계를 탐구할 때, 중요한 일반화를 지지하기 위해 논쟁을 시작할 수 있어야 한다. 예를 들어, 학생들은 정육면체의 각 변의 길이가 3배가 되면 확장된 정육면체의 겉넓이는 원래 정육면체 겉넓이의 9배가 되는 것에 비해, 왜 확장된 정육면체의 부피는 원래 정육면체 부피의 27배가 되는지를 증명할 수 있게 될 것이다. 대수 및 수치 관계에 대한 기하 모델들은 학생들로 하여금 수학 교육과정의 중요한 개념들을 통합하는 것을 도와줄 것이다. 기하적, 대수적, 수치적 개념들을 연결해주는 구체적 조작물과 컴퓨터 프로그램은 학생들의 수학적 성숙을 도울 뿐만 아니라 수학에서, 그리고 다른 교과목에서 더 복잡한 문제를 해결할 수 있게 해준다.

학생들이 고등학교에서 수학을 배우는 동안, 그들의 시각화 능력은 익숙한 2차원 및 3차원 좌표 체계로부터 구형의 표면 위, 또는 구형의 공간 안에서의 유추적 표현으로까지 확장되어야 한다. 다면체의 2차원적 표현과 3차원적 표현을 연결하는 탐색은 이후에 구형의 표면을 평면에 투사하고 3차원의 표면을 2차원의 지도에 그려내는 도전을 가능하게 한다. 원근법에 의한 그림을 그리는 것, 입체를 평면으로 잘랐을 때 생기는 절단면을 시각화하는 것, 평면도형의 한 축을 중심으로 360도 돌려서 생기는 3차원 모양을 예측해보는 것, 그리고 구 모양의 틀(frame)을 따라 이동해보는 것은 이 시기의 학생들이 경험해야 할 공간적 아이디어의 예이다. 고등학교에서도 기하 표현은 대수, 측정, 수, 자료를 포함하는 주제를 공부할 때 많은 도움이 되며, 기하 아이디어를 수학 및 다른 학문 분야의 문제 해결에 적용해보는 것은 교육과정의 주요한 목표 중의 하나이다.

기하 교육과정 개발

≪원리와 규준≫에서 제시한 기하적 사고의 발달을 강조하는 교육과정은 단순히 수업이나 활동을 모아놓은 것이 아니라 일관성이 있어야 하고 발달적이어야 하며, 초점이 있어야 하고 잘 설명되어 있어야 한다. 가장 낮은 학년에서부터 기하 아이디어를 소개해야 하고 학생들의 학년이 올라감에 따라 점진적으로 깊이와 넓이를 더해야 한다. 학생들은 학년이 올라감에 따라 이전 학년에서 배운 것과 연결되고 그것에 기초한 수업을 받아야 한다. 학생들은 수학의 전 영역에서뿐만 아니라 학교, 집, 그리고 실생활 맥락에서 발생하는 문제를 해결하기 위해 점점 더 정교해지는 공간 사고 능력을 적용해볼 수 있도록 지속적인 도전을 받아야 한다.

이 내비게이션 책은 완전한 기하 교육과정을 기술하려고 시도하지 않는다. 그 대신에, 기하에서 선택된 "핵심적인 아이디어(big ideas)"가 유아 · 유치원에서 고등학교 3학년까지의 교육과정에 걸쳐 어떻게 전개되는지를 4권의 ≪기하와 함께하는 여행≫ 책에 제시하고자 한다. 이 기하 책에서 소개하는 많은 개념들은 대수, 수, 측정, 자료 규준과 관련된 다른 맥락에서 다시 볼 수 있게 될 것이다. 교실에서처럼 이 내비게이션 책에서도 기하 규준과 관련하여 설명된 개념들이 다른 영역에 대한 학생들의 이해를 강화하고 향상시킨다.

기하학의 방법과 아이디어는 수학적 리터러시(mathematical literacy)의 필수적인 구성요소이기 때문에, 기하는 ≪학교수학을 위한 원리와 규준≫에 제시된 수학 교육의 비전을 이루는 데 핵심이 된다. ≪기하와 함께하는 여행≫ 책은 교육자들이 매우 중요한 기하 규준을 성공적으로 적용하기 위한 경로를 설정하는 데 안내서로 제공된다.

CHAPTER 01

2차원 모양과 3차원 모양

Navigations Series Prekindergarten-Grade 2

van Hiele의 기하적 사고 발달 모델에서 유아 · 유치원부터 초등학교 2학년까지 학생들은 대개 0수준(시각화)에 해당된다. 이 수준의 학생들은 모양에 대해 추론할 때 그 구성 요소의 성질에 관해 명백한 고려 없이 주로 전체의 시각적인 모양에 기초하여 추론한다(Burger & Shaughnessy, 1986). 이 학생들에 대한 교육 목표는 1수준(분석)으로 향상시키는 것인데, 이 수준에서는 학생들이 구성 요소와 속성을 비형식적으로 분석할 수 있게 된다.

저학년의 학생들은 2차원과 3차원의 모양을 이해하기 위한 기초를 배운다. 학생들은 모양이 어떤지, 한 모양이 다른 모양과 구분되는 특성, 그리고 모양을 묘사하는 방법을 배운다. 예를 들어 정사각형 속성 블록(attribute block)을 볼 때, 학생들은 블록의 색깔, 크기, 변의 수, 꼭짓점 수, 대칭성 혹은 다른 모양과 관련지어 어떻게 위치하고 있는지에 관심을 가질 수 있다. 저학년의 학생들에게 수학을 가르치는 교사가 할 일은 학생들이 이러한 특성들 중에서 정사각형을 정의하는 특성이 무엇인지 배우게 하는 것이다.

이 나이대의 학생들은 2차원 및 3차원의 모양을 가지고 공부할 기회를 많이 가져야 한다. 학생들이 공부할 때 이용하는 대부분의 "2차원" 모양들, 예를 들어 속성 블록은 실제로는 얇은 3차원 물체이다. 이는 일부 학생들에게 어려움을 야기시킬 수도 있는데, 학생들은 두께가 있는 물체를 정사각형이라고 부를 때 혼란스러워하게 된다(Cockcroft & Marshall, 1999). 그러나 학생들이 그러한 대상을 조작할 수 있어야 한다. 모양의 이름을 말하는 것은 중요하나, 더 중요한 것은 그러한 모양의 속성이나 특성들을 관찰하는 것이다.

학생들이 탐구할 만한 2차원 모양의 특성들은 다음과 같다.

■ 변과 꼭짓점 수

■ 다른 모양을 만들기 위해서 모양들을 조합하거나 분해하는 방법

모양의 이름을 말할 때 잘못된 구별을 피하는 것이 중요하다. 예를 들어 만약 학생들에게 직사각형을 찾아보라고 했을 때 학생이 정사각형을 지목했다면, 그 답은 옳으며 정사각형은 특별한 종류의 직사각형이라는 것을 알려주는 것이 중요하다. 그러나 그 학생이 정사각형이 아닌 직사각형도 찾을 수 있고 직사각형과 정사각형 간의 차이를 인식할 수 있는지 확인하는 것 또한 중요하다.

'비슷한 것과 다른 것' 활동은 학생들로 하여금 다양한 속성을 활용하여 모양을 분류하게 한다. '모양으로부터 모양 만들기' 활동은 새로운 모양을 만들기 위해서 어떻게 모양을 재구성할 수 있는지 학생들이 알아볼 기회를 제공한다. 적은 수의 단순한 모양들을 가지고도 학생들은 새로운 모양을 만들어내는 여러 가지 다른 방법이 있다는 것을 알게 될 것이다. 예를 들어 그림 1.1의 정사각형과 2개의 삼각형을 가지고 본질적으로 같은 모양이지만 돌려지거나 뒤집힌 모양을 만들 수도 있고[그림 1.1(a)와 1.1(b)], 매우 다른 모양을 만들 수도 있다[그림 1.1(c)와 1.1(d)]. 모양 (a)와 (b)가 같

그림 1.1
정사각형과 2개의 삼각형으로 만든 서로 다른 모양

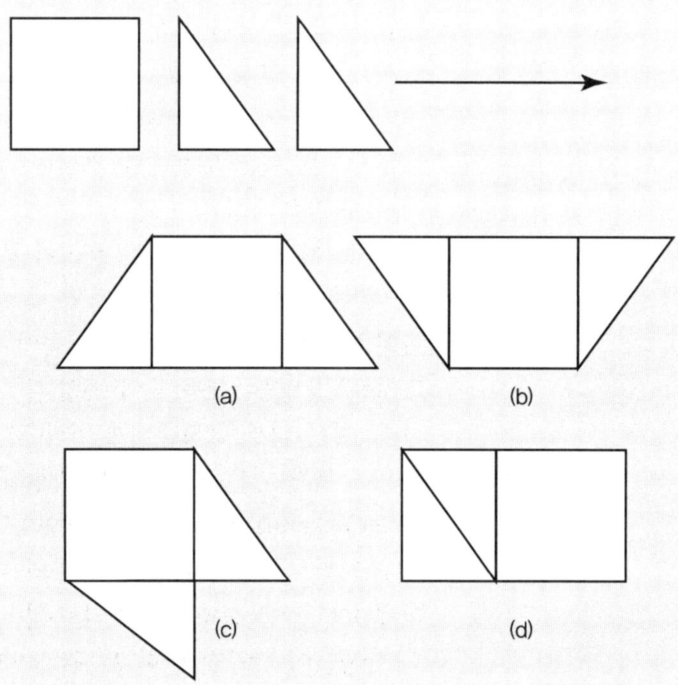

은지 다른지에 대해서 학생들이 논의해보는 것은 기하 학습의 중요한 일부가 된다. 각각의 물체들을 여러 가지 방식으로 결합할 수 있다는 아이디어는 학생들이 공간을 다룰 때 수를 다루는 것만큼이나 중요하다.

반대로 '모퉁이 자르기' 활동은 모양을 더 작은 모양으로 분해하는 활동에 초점을 둔다. 학생들에게 원래 직사각형이나 삼각형을 한 번 잘랐을 때 나오는 조각의 크기와 모양을 상상해보라고 말한다. 컴퓨터 스크린에서 모양을 자르고 다시 합칠 수 있는 기능을 가진 컴퓨터 소프트웨어 패키지인 'Shape up!'을 이용할 수도 있다.

학생들이 초점을 맞출 만한 3차원 모양의 특성들은 면의 수와 모양, 모서리(edge)와 모퉁이의 수, 모양의 어느 부분이 넓은지 좁은지, 그리고 모양을 잘라서 펼쳤을 때 어떤 모양이 될 것인지 등이다.

학생들은 다음의 사실을 알아야 한다.

- 모든 정각뿔은 한 꼭짓점에서 만나는 삼각형들로 이루어져 있고 한 다각형을 밑면으로 가진다(그림 1.2 참조). 밑면은 각뿔의 이름을 결정한다. (주의: 이 책에서 사용된 각뿔은 모두 정각뿔이다.) 특히,
  - 정삼각뿔은 밑면이 삼각형이고 3개의 다른 삼각면들이 한 꼭짓점에서 만나는데, 이 꼭짓점은 밑면의 중심 위쪽에 있다.
  - 정사각뿔은 밑면이 정사각형이고 4개의 다른 삼각면들이 한 꼭짓점에서 만나는데, 이 꼭짓점은 밑면의 중심 위쪽에 있다.
- 모든 직각기둥은 합동인 2개의 다각형을 밑면으로 가지고 있고, 대응하는 모서리들은 직사각형과 만난다(그림 1.3 참조). 밑면은 각기둥의 이름을 결정한다. (주의: 이 책에서 사용된 각기둥은 모두 직각기둥이다.) 특히,
  - 정삼각기둥은 2개의 동일한 삼각형을 밑면으로 갖고, 3개의 삼각형이 삼각형 밑면과 만난다.
  - 정사각기둥은 2개의 동일한 정사각형을 밑면으로 갖고, 4개의 직사각형이 정사각형 밑면과 만난다.
- 직원기둥은 각기둥처럼 합동인 2개의 밑면을 갖지만, 그 밑면이 원이다.
- 직원뿔은 각뿔처럼 하나의 꼭짓점과 마주보는 밑면을 갖지만, 그

정삼각기둥

그림 1.2
사각뿔

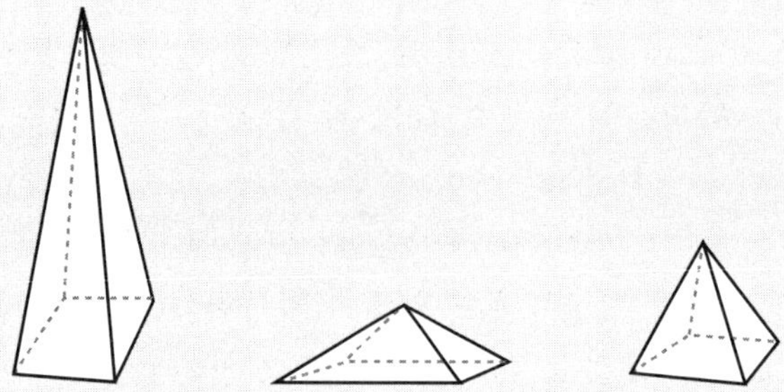

직사각뿔
모든 직사각뿔은 밑면이 직사각형이다. 밑면의 모서리는 삼각형을 이루는데, 이 삼각형들은 직사각형의 중심 바로 위쪽에 있는 한 점에서 서로 만난다. 만약 밑면이 정사각형이면 그 사각뿔은 **정사각뿔**이라 부른다.

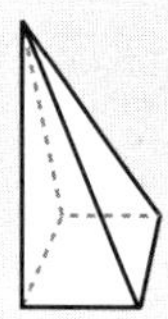

빗사각뿔
빗사각뿔(기울어진 사각뿔)은 밑면이 직사각형이다. 밑면의 모서리는 삼각형을 이루는데, 이 삼각형들은 직사각형의 중심 바로 위쪽에 있지 않은 한 점에서 서로 만난다.

빗삼각뿔
빗삼각뿔(기울어진 삼각뿔)은 밑면이 삼각형이다. 밑면의 모서리는 삼각형을 이루는데, 이 삼각형들은 밑면 삼각형의 중심 바로 위쪽에 있지 않은 한 점에서 서로 만난다.

밑면이 원이다. 그 꼭짓점은 원의 중심 바로 위쪽에 있다.

- 구는 원과 비슷한 면도 있지만, 원처럼 평평하지 않고 3차원이기 때문에 다르다.
- 모든 정사각기둥은 직사각기둥이라고 부를 수 있지만, 모든 직사각기둥을 정사각기둥이라고 부를 수 있는 것은 아니다.

'블록의 이름 맞히기' 활동에서는 블록에 대해 인상적으로 설명한다. 블록에 대한 설명을 들은 후, 학생들은 블록 더미 중에서 그 블록을 식별한다. 학생들은 단어를 사용하거나 사람이 그 블록 안에서 어떻게 움직일 수 있는지를 보여주는 무언극(pantomime)을 해봄으로써 블록을 설명하는 것을 배우게 된다.

'전개도 굴리기' 활동에서 학생들은 입체를 굴림으로써 그 입체를 얻기 위한 2차원의 전개도를 만들어보고 2차원과 3차원 사이의 관계에 대한 이해를 넓히게 된다. 학생들은 윤곽을 그린 면과 그렇지 않은 면을 기억하면서 조직하는 기술도 연습한다.

그림 1.3
각기둥

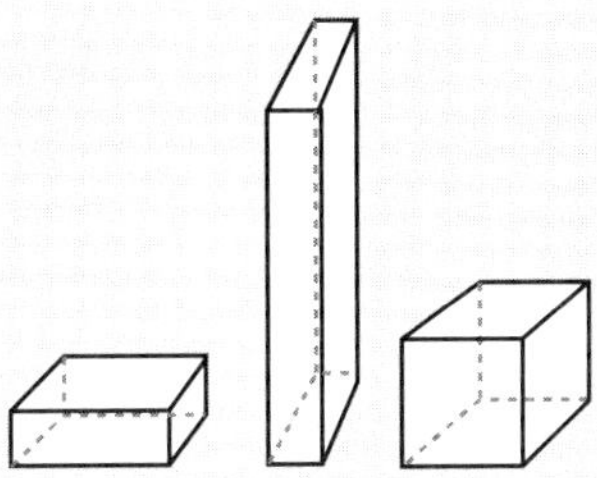

직사각기둥

직사각기둥은 합동인 2개의 직사각형을 밑면으로 가지고 있는데, 이 밑면은 직사각형인 평행사변형들과 만난다. 직사각형 면들은 두 밑면과 직각을 이룬다. 만약 밑면이 정사각형이라면, 각기둥은 **정사각기둥**이라고 할 수 있다. 정사각형인 밑면과 만나는 직사각형도 정사각형이라면, 이 정사각기둥은 **정육면체**(cube)라고 할 수 있다.

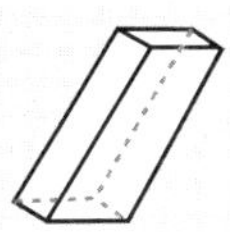

빗사각기둥

빗사각기둥(기울어진 직사각기둥)은 합동인 2개의 직사각형을 밑면으로 가지고 있고, 밑면은 평행사변형들과 만나는데, 그 모서리는 밑변에 수직이 아니다.

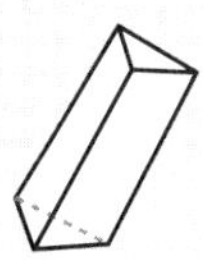

빗삼각기둥

빗삼각기둥(기울어진 삼각기둥)은 합동인 2개의 삼각형을 밑면으로 가지고 있고, 밑면은 평행사변형들과 만나는데, 그 모서리는 밑변에 수직이 아니다.

학생 성취에 대한 기대

초등학교 2학년이 끝날 때까지 학생들은 단순한 2차원과 3차원 도형을 알아보고, 이름을 말하고, 만들어보고, 그리고, 분류하고, 비교할 수 있어야 한다. 학생들은 2차원 도형에서 다각형의 이름, 변이나 꼭짓점 개수, 그리고 3차원 도형에서 다각형 면의 이름, 면, 모서리, 꼭짓점 개수와 같이 도형의 다양한 속성을 식별해낼 수 있어야 한다. 학생들은 2차원 모양을 자르거나 붙였을 때의 결과를 예상할 수 있어야 하고, 단순한 입체도형의 전개도를 만들어내고, 전개도와 입체도형을 관련시킬 수 있어야 한다.

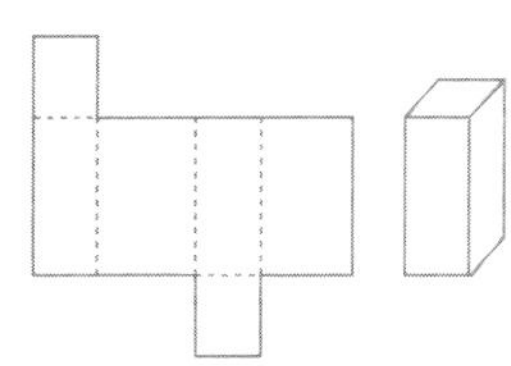

직사각기둥 전개도와 직각기둥

전개도(net)는 3차원 모양을 만들기 위해서 접는 2차원 모양이다. 전개도는 3차원 도형을 위한 "재킷"으로 생각할 수 있다.

모양으로부터 모양 만들기

유아원-유치원

요약

학생들은 동일한 모양을 가지고 만들 수 있는 여러 가지 다른 디자인을 탐색하고 그려보며, 큰 모양을 덮기 위해 작은 모양들을 어떻게 사용하는지 보게 된다.

학습 목표

- 모양의 구성 요소를 기술한다.
- 2차원 모양을 함께 모아 붙이고, 갈라놓았을 때의 결과를 예측한다.

[2차원] 모양을 모으고 가른 결과를 탐색하고 예측하라.

사전 지식

- 2차원 모양을 알아보기
- 여러 가지 방향에서 모양을 알아보기

학습 자료 및 교구

- 각 모둠별로 노란 육각형 2개, 빨간 사다리꼴 4개, 파란 마름모 6개, 초록 삼각형 12개의 패턴 블록 세트

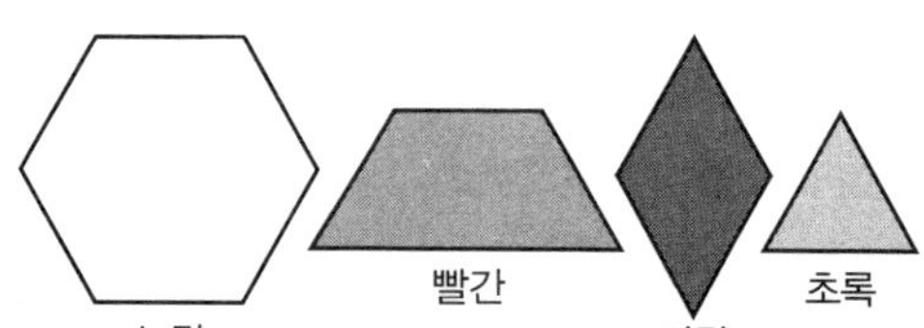

100쪽

- 실물화상기용 패턴 블록 세트
- 각 학생에게 나누어줄 학습 활동지 [패턴 블록 강아지] 복사본
- 각 모둠별로 나누어줄 그림 그릴 종이 몇 장
- 색연필
- 패턴 블록 스티커(선택사항)

활동

도입하기

그림 1.4에 제시한 것처럼 초록 삼각형 4개를 모아서 큰 삼각형을 만든다. (패턴 블록은 실제로 다양한 다각형의 측면을 가진 블록이지만 여기서는 간단히 다각형의 이름으로 블록을 부르기로 한다.) 큰 모양이 무엇처럼 보이는지 학생들에게 말하게 한다. 전체 모양을 어떻게 그릴 수 있는지 보여주거나 또는 전체 모양을 나타내기 위해 패턴 블록 스티커를 사용하는 방법을 제시한다. 그런 후에, 다른 모양을 만들기 위해 삼각형 4개를 어떻게 움직일 수 있는지 시범을 보인다.

학생들을 모둠으로 나눈다. 각 모둠별로 삼각형 4개를 사용하여(각 삼각형은 최소한 다른 삼각형 1개와 맞닿아 있어야 한다) 다른 모양을 만들어보게 하고(예, 그림 1.5의 "나무"), 한 학생이 모둠에서 만든 모양을 그리고 이름을 붙이게 한다. 학생들에게 전체 모양을 바꾸지 않는 조건하에서, 모양의 일부를 다른 모양으로 덮어도 되는지 결정하게 한다. 학생들은 모양이 같은지 다른지를 알아보기 위해서 서로 만든 모양을 살펴보아야 한다. 학생들이 단순히 뒤집히거나 돌려진 이미지를 같은 것으로 부르는지 주의해서 봐야 한다. 만약 학생들이 합동인 두 모양을 같다고 보지 못한다면 블록을 뒤집거나 돌려보도록 하여, 같은 블록이 다른 위치에서는 다르게 보일 수 있다는 점을 스스로 깨닫게 도와준다.

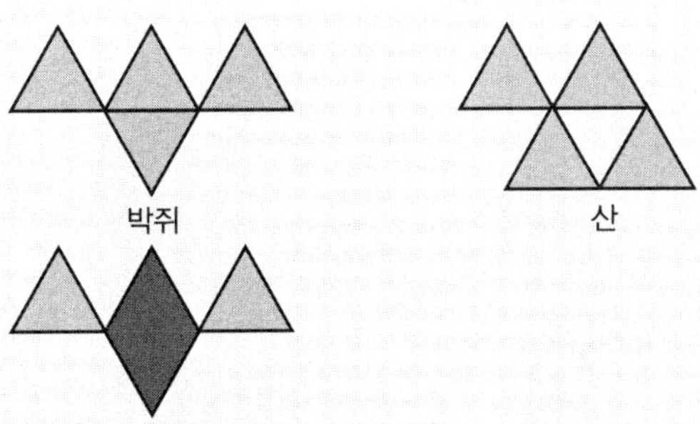

탐구하기

학생들에게 초록 삼각형 6개를 사용하여 여러 가지 모양을 만들어

그림 1.4
작은 삼각형 4개로 이루어진 큰 삼각형

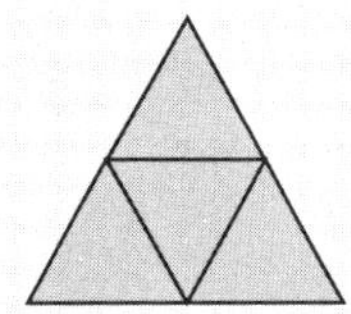

그림 1.5
삼각형 4개로 만든 "나무"

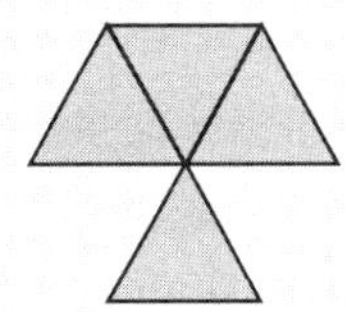

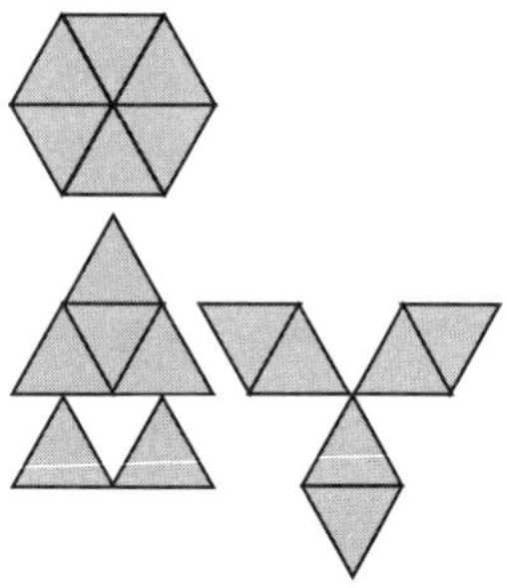

"우주 괴물이 풍차를 봤을 때 자신의 초록 우산을 쓰고 있었다."

보게 한다. 각 삼각형은 최소한 다른 삼각형 1개와 맞닿아 있어야 한다. 학생들이 다음을 하게 한다.

- 만든 모양이 무엇을 연상시키는지 말한다.
- 모양을 그린다.
- 다른 블록들을 이용해서 동일한 모양을 만들 수 있는지 알아본다.

전체 학생들이 같이 모여서 자신들의 그림에 대해서 이야기하게 한다. 예를 들어, 각 그림이 나타내는 대상의 종류, 합동인 모양들의 모임(같은 크기와 모양) 또는 전체 모양이 직사각형과 유사한 모양인 것과 같이 학생들에게 그림을 분류하는 여러 가지 방법들을 찾게 한다. 학생들이 그린 표현에 기초하여 "이야기"를 생각해 낼 수 있도록 돕는다.

다음으로 학생들에게 자신들이 원하는 모양 4개를 고르도록 하되 전부 삼각형만 고르면 안 된다고 말하고, 고른 모양들을 가지고 가능한 한 여러 가지 다른 모양을 만들어보게 한다. 학생들은 자신들이 만든 모양을 표현하기 위해 그림으로 그리거나 패턴 블록 스티커를 사용해야 한다. 학생들은 또한 자신들이 만든 모양을 덮기 위해 몇 개의 삼각형이 필요한지 알아낼 수도 있다.

확장하기

그림 1.6
"강아지"

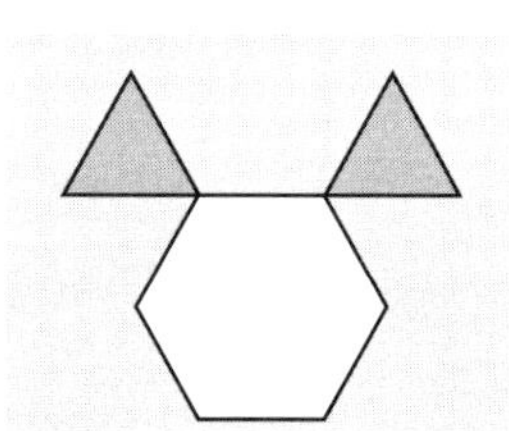

학생들에게 그림 1.6의 "강아지"를 보여준다. 각 학생에게 학습 활동지 [패턴 블록 강아지] 복사본을 나누어주고 그 모양을 덮기 위해 사용될 수 있는 모든 블록들의 집합을 찾을 수 있도록 격려한다. (부록의 해답에 제시된, 가능한 조합들을 본다.) 학생들은 자신들이 알아낸 것을 표현하기 위해 강아지 그림을 색칠할 수 있다. 대안적으로, 각 학생에게 서로 끼울 수 있는 큐브 세트를 나눠주고 (4개에서 9개 사이), 그 세트로 만들어낼 수 있는 여러 가지 3차원 구조를 조사하게 한다.

"학생들은 새로운 모양을 만들기 위해서 모양을 조합하거나 분리함으로써 도형에 대한 성질을 학습한다." (NCTM, 2000, 98쪽)

토론

이 활동은 학생들이 모양을 조립하고 분해하는 능력을 발달시킨다. 학생들은 원래 모양의 윤곽을 바꾸지 않으면서 모양을 배열하거나, 동일한 모양들을 사용하여 전체 윤곽을 바꾸는 활동을 하면서 모양을 배열하는 여러 가지 방법들을 발견하게 된다. 똑같은 모양으로 좀더 작은 모양들을 가지고 여러 가지 큰 모양들을 만들어낼 수 있다는 점을 이해하는 것은 측정 영역에서 중요한 개념인 넓이를 공부하는 시작점이 된다. 후에 학생들은 더 작은 모양들을 가지고 만든 여러 개의 큰 모양의 넓이가 서로 같다는 것을 배우게 될 것이다. 다른 위치에 놓여 있지만 서로 합동인 도형들을 식별하는 것은 도형의 회전과 반사를 탐구하기 위한 기초가 된다.

과제는 단순한 것에서 시작하여 서서히 복잡해진다. 학생들은 동일하면서 단순한 모양을 가지고 활동을 시작한 후, 합동이 아닌 모양을 사용하고 더 많은 모양들을 활용하면서 활동을 확장해나간다.

비슷한 것과 다른 것

유아원-유치원

요약

학생들은 모양, 크기, 변의 개수 등과 같은 대상의 속성을 식별하고, 그 속성에 따라 대상을 비교하고 분류하는 게임을 한다. 이 활동은 언어 발달을 강조한다.

학습 목표

- 2차원 모양의 속성을 기술한다.
- 2차원 모양을 비교하고 분류한다.

2차원 모양과 3차원 모양의 속성과 부분을 기술하라.

사전 지식

- 정사각형, 원, 삼각형, 정사각형이 아닌 직사각형을 식별하기
- 크기에 따라 대상을 구별하기
- 색깔을 식별하기
- 비슷한 것(alike)과 다른 것(different)이라는 용어 알기

이 게임은 어떤 속성 블록 세트로도 가능하다. 시중에서 판매되는 속성 블록을 사용할 수도 있고, 여러 가지 색깔의 스티로폼, 펠트 또는 얇은 플라스틱 받침을 이용해서 직접 블록 세트를 만들 수도 있다. 여기에서 설명된 대로, 세 가지 다른 크기, 세 가지 다른 색깔, 네 가지 모양, 그래서 전체 36조각이 이용된다. 속성 블록을 위한 모양판은 CD-ROM에 있다. (속성 블록은 패턴 블록과는 다른 것임을 유의하시오.)

"어린 학생들은 대상이 어떻게 비슷하고 어떻게 다른지 말하는 동안, 대상을 설명하면서 자신들의 어휘를 사용하기 시작한다." (NCTM, 2000, 97쪽)

학습 자료 및 교구

- Arnold Lobel(1970)의 책 ≪개구리와 두꺼비는 친구≫(Frog and Toad Are Friends)
- 색깔, 크기, 단추 구멍 수가 다른 30~40개의 단추 세트(실물 혹은 종이로 만든 단추)
- 속성 블록 세트

활동

도입하기

책 ≪개구리와 두꺼비는 친구≫에서 "잃어버린 단추(A Lost Button)"를 읽는다. 이 장에서 두꺼비는 왜 특정한 단추가 잃어버린 단추가 아닌지를 설명하기 위해 단추의 속성들을 사용한다.

모양, 크기, 단추 구멍 수가 다른 단추를 6개에서 10개쯤 모든 학생들이 볼 수 있는 곳에 놓는다. 학생들이 차례로 돌아가면서 두꺼비 역할을 하게 한다. 두꺼비인 학생은 몰래 단추 1개를 고르고 선생님에게 고른 단추가 어떤 것인지 속삭이게 한다. 다른 학생들은 단추의 이름을 말한다. 만약 학생들이 두꺼비인 학생이 고른 단추를 추측해내지 못하면, 두꺼비인 학생은 다른 학생들이 추측한 단추가 왜 자신이 선택한 단추가 아닌지에 대한 이유를 한 가지 말해준다. 그 이유에는 선택된 단추의 속성에 대한 정보가 있어야 한다. 예를 들면, "두꺼비"는 "그 단추는 내 단추가 아니야. 그 단추는 동그랗지만 내 단추는 정사각형이야."라고 말할 수 있다. 학생이 한 가지 이유를 말한 다음에, 그 속성을 가지고 있지 않기 때문에 단추 더미에서 어떤 단추들을 제거해야 하는지 학생들로 하여금 토론하게 한다. 맞는 단추가 선택될 때까지, 추측하기와 왜 그 추측이 옳지 않은지에 대한 이유를 알려주기를 계속한다. 학생들은 돌아가면서 두꺼비 역할을 한다.

탐구하기

학생들을 원형으로 앉힌다. 속성 블록 세트를 사용하는데, 원형으로 앉아 있는 각 학생에게 블록 1개씩을 나누어 주되 바로 왼쪽에 앉아 있는 학생과는 다른 블록을 준다. 처음이 될 학생을 선택한다. "네 블록과 네 왼쪽에 앉아 있는 학생이 들고 있는 블록의 같은 점을 한 가지만 이야기해보아라. 이제 다른 점을 한 가지 이야기해보아라."라고 말한다. 모든 학생들에게 차례가 다 돌아갈 때까지 계속 놀이를 진행한다.

확장하기

원의 중앙에 속성 블록 세트를 놓는다. 각 블록이 확실히 보이도록 블록들을 흩어놓는다. 한 학생을 지명하여 기차 만들기를 시작할 첫 번째 블록을 고르게 한다. 두 번째 학생은 기차의 첫 번째 블록과 적어도 한 가지는 같고, 적어도 한 가지는 다른 점이 있는 블록을 추가하여 옆에 놓게 한다. 만약 첫 번째 블록이 작은 원이었고 두 번째 학생이 작은 정사각형을 골랐다면, 그 두 번째 학생은 "같은 점은 두 블록 모두 작다는 것이고, 다른 점은 모양이 다르다는 거야. 첫 번째 블록은 원이고 내 블록은 정사각형이야."라고 말할 것이다. 세 번째 학생은 기차의 두 번째 블록과 적어도 한 가지는 같고, 적어도 한 가지는 다른 점이 있는 블록을 추가해야 한다. 모든 학생들이 블록을 선택해보았거나 규칙에 맞는 블록이 하나도 없을 때까지 계속한다.

"교사는 학생들이 모양과 그 모양의 속성을 탐색할 수 있도록 자료를 제공하고 환경을 적절하게 구조화해야 한다." (NCTM, 2000, 97쪽)

토론

어린 학생들은 동시에 한 가지 속성 이상에 초점을 맞추는 능력 면에서 차이가 있다. 학생들이 이 게임을 할 때, 유사점과 차이점을 모두 식별해내는 데 어려움을 갖는지 관찰해야 한다. 일부 학생들을 위해서는, 이러한 아이디어를 구별하여 적용할 필요가 있을 수도 있다. 즉, 처음에는 같은 점을 한 가지 말하게 하고 두 번째에서는 다른 점을 말하게 할 수 있다.

밀리의 수학 집(Millie's Math House, Ruppelt et al., 1992)과 생각하기(Thinkin' Things, Cyr et al., 1995)와 같은 몇몇 컴퓨터 프로그램은 학생들에게 속성에 따라 물체를 식별하고 분류해볼 수 있는 기회를 제공한다.

블록의 이름 맞히기

1-2학년

요약

교사는 전시된 블록 세트 중에서 3차원 블록 1개에 대해 설명하되, 그 블록만의 독특한 특성에 초점을 두어 설명한다. 그런 다음 학생들은 그 블록을 찾아낸다. 후에 학생들은 말이나 역할놀이를 사용해서 블록을 설명하면서 교사의 역할을 수행한다. 이 활동은 학생들이 설명에 적합한 대상을 찾아내는 물건 찾기 게임으로 확장된다. 특별히 블록에 있는 면의 모양을 확인하는 데 관심을 기울인다.

"학생들이 학교에 올 때 이미 알고 있는 도형 및 공간 지식은 교실에서 모양과 구조에 대한 탐구, 탐색, 논의를 통해 확장되어야 한다. 학생들은 그림, 블록 구성, 역할놀이, 말을 통해 2차원과 3차원 모양들을 표현하는 것을 배워야 한다." (NCTM, 2000, 97쪽)

학습 목표

- 모양의 속성에 따라 모양들을 식별한다.
- 3차원 물체에서 2차원적 측면의 모양을 식별한다.
- 기하 모양을 설명하기 위해 비형식적 언어와 형식적 언어를 사용한다.

사전 지식

- 2차원 모양에서 변과 꼭짓점 개수를 세기

학습 자료 및 교구

- 지오블록이나 블록, 캔, 종이표지 책, 시리얼 상자, 원뿔형 물체, 휴지 상자와 같은 3차원 물체

다각형은 변과 꼭짓점(또는 모퉁이)을 가진다. 우리는 3차원 도형에서 **변**(sides)이라는 말을 사용하지 않는데, 이유는 이 말이 옆면을 의미하는지 모서리를 의미하는지 분명하지 않기 때문이다.

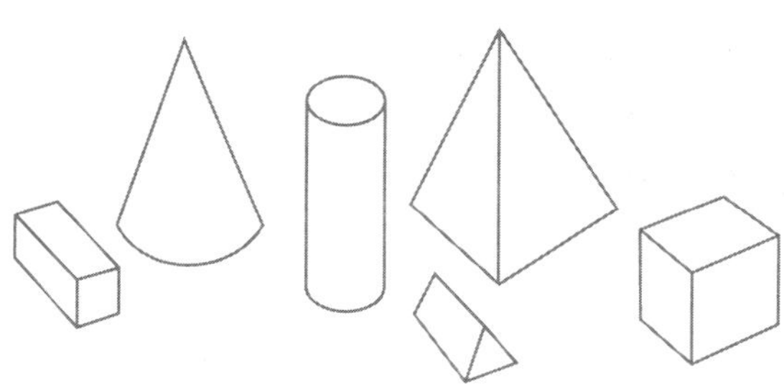

활동

도입하기

학생들이 볼 수 있도록 블록이나 입체도형을 전시한다. 큰 정육면체를 들면서 그 모양의 이름을 말하고 한 모퉁이 부분을 가리킨다. "이 모퉁이를 꼭짓점이라고 합니다."라고 말한다. 학생들이 **꼭짓점**이라는 단어와 그 복수형인 **꼭짓점들**이라는 단어를 함께 따라서 말하게 한다. 교사도 함께 말한다. 한 학생을 불러 꼭짓점의 수를 세게 한다. "위에 4개, 밑에 4개"와 같이 꼭짓점의 위치에 관심을 기울인다.

정육면체의 면을 가리키면서 다음과 같이 질문한다. "이 면은 무슨 모양입니까?"(정사각형), "정육면체는 몇 개의 면을 가지고 있습니까?"(6개), "모든 면은 모양이 같습니까?"(네) 정육면체의 모서리를 가리킨다. "이것은 정육면체의 모서리입니다. 정육면체는 몇 개의 모서리를 가지고 있습니까?"라고 말한다. 학생들이 교사와 함께 모서리를 세어보게 한다. 위에 4개, 밑면에 4개, 그리고 위에서 밑면으로 4개, 그래서 전체 12개의 모서리.

이름표(label)를 만들어서 원기둥 옆면에 붙인다. 원기둥을 들고 위와 아래를 가리키면서 "이 면들은 원입니다."라고 말한다. 측면을 가리키면서 다음과 같이 말한다. "이것을 면(face)이라고 부르지 않습니다. 왜냐하면 이것은 굽어 있고 책상 위에 평평하게 펼쳐 놓을 수 없기 때문입니다. 이것은 선생님이 원기둥에게 만들어 준 이름표입니다. 만약에 선생님이 여기(**손가락으로 원기둥에 수직인 선을 만들면서**)를 잘라 펼친다면, 어떤 모양이 되겠습니까?" (직사각형)

원기둥 옆면을 펼치면 항상 평행사변형이 되는데, 직원기둥의 경우에만 옆면이 직사각형이 된다.

탐구하기

블록이나 정육면체가 아닌 직사각기둥, 삼각기둥, 정사각뿔, 삼각뿔과 같은 입체 도형들을 전시한다. 각각의 모양에 대해 다음 질문들을 한다. (표 1.1에 있는 답을 보시오.)

- 이 도형은 꼭짓점이 몇 개 있습니까?
- 모든 면의 모양이 같습니까?
- 면의 모양은 무엇입니까?
- 이 도형에는 몇 종류의 면이 있습니까?

[표 1.1] 3차원 도형의 다양한 속성들

3차원 모양	면의 개수와 모양	꼭짓점의 수	면의 수	모서리의 수
정육면체	정사각형 6개	8	6	12
정육면체가 아닌 직사각기둥	직사각형 6개	8	6	12
삼각기둥	삼각형 2개와 직사각형 3개	6	5	9
정사각뿔	정사각형 1개와 삼각형 4개	5	5	8
삼각뿔	삼각형 4개	4	4	6

■ 이 도형에는 모두 몇 개의 면이 있습니까?
■ 이 도형의 모서리는 몇 개입니까?

제시된 물건 중에서 몰래 하나를 선택하고 그 물건의 한 면의 모양을 설명한다. 학생들에게 그러한 면을 가진 물건(들)을 구별하게 한다. 그런 면을 가진 물건이 하나 이상이면, 궁극적으로 모든 학생들이 교사의 모든 단서에 꼭 맞는 물건이 하나라는 것에 동의할 때까지 더 많은 단서를 제시한다. 일단 학생들이 게임을 이해하면, 학생들이 교사의 역할을 수행하여 물건 하나를 선택하여 그 면을 설명하게 하고, 다른 친구들은 추측해보게 한다.

이 식별 활동을 물건 찾기 게임으로 계속한다. 교실이나 운동장에 있으면서 모든 학생들이 볼 수 있는 대상 중에서 몰래 하나를 선택하고 그 대상을 설명한다. 그리고 학생들로 하여금 그 대상이 무엇인지 알아맞혀 보게 한다.

확장하기

학생들에게 말하지 않고 특정한 모양을 설명하겠다고 말한다. 학생들은 조용히 해야 하고 교사가 하는 것을 잘 봐야 한다. 교사는 커다란 정육면체 바깥에 있는 무언극 공연자라고 생각한다. 손을 뻗어서, 그 정육면체의 주변을 "느낀다(feel)". 정육면체의 앞, 옆, 뒤, 그리고 위를 보여준다. 모서리와 꼭짓점을 분명히 가리킨다. 그런 다음 한 면에 있는 작은 문을 찾아 그 문을 열고, 안으로 들어가서 문을 닫는 척 한다. 마치 교사가 정육면체 안에 있는 것처럼 면, 앞, 뒤, 그리고 위를 만진다. 창의적이 되어야 한다. 교사가 다 마쳤을 때, 학생들로 하여금 그 모양을 알아맞히게 하고 어떻게 생각해냈는지 말하게 한다. 교사가 면, 꼭짓점, 모서리를 보여준 방법에 대해 이야기한다.

학생 4명이나 5명씩 모둠을 만든다. 각 모둠에서 교대로 한 학생이 물건 하나를 선택한 다음 다른 모둠원이 볼 수 없도록 그 물건을 숨기게 한다. 그 학생이 숨겨진 물건의 바깥쪽에 있다가 안쪽에 들어가는 무언극을 조용하게 수행하는 동안 다른 모둠원들은 그 물건이 무엇인지 추측하게 한다.

토론

3차원 물건의 면, 모서리, 꼭짓점을 학습하면서, 그리고 그 면이 어떤 모양인지 설명하고 그 면을 이름 지으면서 학생들은 공간 감각을 향상시키게 된다. 지오블록과 실생활 물건을 가지고 학생들은 다양한 모양을 지닌 여러 가지 물건들을 관찰할 수 있다. 예를 들어, 학생들은 "긴", "홀쭉한", "뚱뚱한", 그리고 "정사각형인" 직사각형을 볼 수 있고, 다른 도형과 관련지어 그 관계를 이해할 수 있다. '블록의 이름 맞히기' 활동에서 사용된 시각적 · 공간적 접근 방법은 학생들에게 2차원 도형과 3차원 도형이 어떻게 관련되는지 이해할 수 있는 기회를 제공한다.

모퉁이 자르기

1-2학년

요약

학생들은 직사각형을 잘라서 더 작은 직사각형, 삼각형, 그리고 크기가 같은 모양들로 만드는 방법을 탐색한다.

학습 목표

- 큰 모양을 잘라서 만들 수 있는 작은 모양을 시각화하고 설명한다.
- 단순한 2차원 도형의 변과 꼭짓점의 개수를 알아낸다.
- 합동(같은 모양과 크기)인 도형을 알아낸다.

2차원과 3차원 모양의 속성과 부분들을 기술하라.

사전 지식

- 정사각형, 삼각형, 정사각형이 아닌 직사각형을 구별하고 이름 붙이기
- 도형의 변과 꼭짓점(모퉁이)을 구별하기

2차원과 3차원 모양을 조합하고 분해한 결과를 탐색하고 예측하라.

학습 자료 및 교구

- 각 학생과 교사용 가위 한 쌍
- 흰색 A4 용지 6장
- 풀
- 각 학생별로 가로 30센티미터, 세로 38센티미터 정도 되는 색깔 종이 또는 흰색이 아닌 벽에 붙이는 종이 6장
- 각 모둠마다 직선자 한 개
- 각 학생마다 연필 한 자루

활동

도입하기

직사각형 모양의 종이 한 장을 들고 학생을 지목하여 어떤 모양인지 식별하게 한다. "직사각형은 몇 개의 변을 가지고 있습니까?"라고 질문한다. 다른 학생을 지목하여 4개의 변을 가리키면서 세어보게 한다. "직사각형은 몇 개의 꼭짓점을 가지고 있습니까?"라고 질문한다. 한 학생을 불러서 4개의 모퉁이를 가리키면서 세어보게 한다.

합동인 도형의 크기와 모양은 모두 같고, 대응하는 측정값(변의 길이, 각도 등)도 모두 같다. 합동인 선분의 길이는 같다. 합동인 다각형의 넓이는 같다. 합동인 3차원 도형의 부피는 같다.

"선생님이 이 직사각형을 모양과 크기가 같은, 더 작은 2개의 직사각형으로 만들려면 어떻게 잘라야 합니까?"라고 질문한다. 학생들이 제안한 방법대로 직사각형을 자른다. 학생들로 하여금 2개의 조각이 직사각형임을 확인하게 하고, 그 직사각형 2개의 크기와 모양을 비교하게 한다. 한 직사각형 위에 다른 직사각형을 겹쳐서 직사각형을 어떻게 비교하는지 시범을 보인다. 한 도형이 다른 도형 위에 완전히 포개어질 때, '두 도형은 **합동**이다.' 라고 합동의 정의를 소개한다.

새로운 종이 한 장을 집어든다. "이 직사각형을 2개의 합동인 직사각형으로 자를 수 있는 다른 방법이 있습니까?"라고 질문한다. 학생들이 제안한 방법으로 종이를 자르고 한 학생을 불러 그 직사각형들의 크기를 비교하게 한다.

새로운 종이를 사용하여 2개의 삼각형을 만들려면 어디를 잘라야 하는지 학생들에게 말하게 한다. 한 직사각형을 2개의 삼각형으로 만들 수 있는 여러 가지 방법을 찾게 한다. 학생들이 만들어 낸 삼각형의 크기를 비교하게 하고 그 삼각형의 변과 꼭짓점을 확인하게 한다.

삼각형을 만들 수 있는 다른 방법들을 비교하여 보도록 학생들을 격려한다. 두 가지 방법 모두 대각선을 따라 자르게 되는데, 왼쪽 상단부터 오른쪽 하단 모퉁이로 자르거나 오른쪽 상단부터 왼쪽 하단 모퉁이로 자르게 된다.

탐구하기

새로운 종이 한 장을 집어 든다. "선생님이 곧게 자를 것입니다. 여기서(**한 변을 가리키며**)부터 시작해서 여기서(**인접한 변을 가리키며**) 멈출 것입니다. 선생님이 어떤 모양을 만들게 될 것인지 이야기해봅시다."라고 말한다. 학생들이 모양을 설명한 후에, 직사각형 모양의 종이 한 모퉁이를 잘라서 작은 삼각형 하나와 큰 오각형을 만든다. 학생들로 하여금 각 모양의 변과 꼭짓점의 수를 확인해보게 하고, 모양을 논의하면서 교사를 따라 다함께 **오각형**이라는 단어를 따라 하게 한다. (그림 1.7에 있는 **오각형**의 정의를 보시오.)

오각형—반드시 모든 길이가 꼭 같지만은 않은 5개의 곧은 변(sides)으로 연결된 단순* 평면도형.

사각형—4개의 곧은 변으로 연결된 단순 평면도형. 직사각형과 정사각형은 특별한 사각형이다.

사다리꼴—두 쌍이 아니라 한 쌍의 평행한 대변을 가진 4개의 변으로 연결된 단순 평면도형. **등변사다리꼴**은 평행하지 않은 변의 길이가 같다. (교사는 사다리꼴에 대한 일부 다른 정의에서는 한 쌍 이상의 평행한 대변도 허용한다는 점을 알고 있어야 한다. 그러한 정의는 이 수준에서 혼란을 불러일으킬 수 있고, 차후에 다루는 수학에서 정의로 인정되지 않을 것이다.)

*단순 도형은 끝점에서만 만나는 변을 가진다.

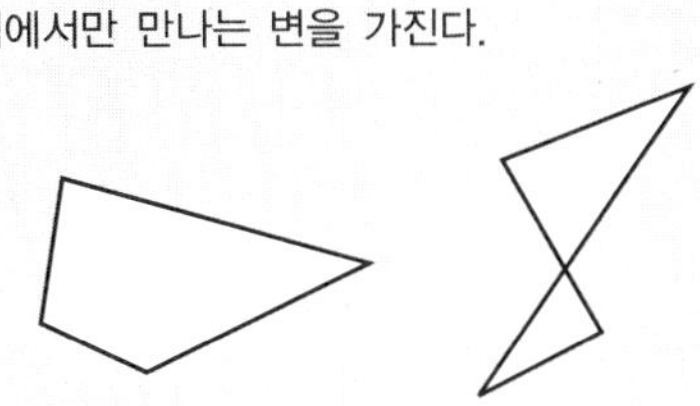

단순도형 단순도형이 아닌 것

그림 1.7
일부 평면도형의 정의

부록 CD-ROM의 모퉁이 자르기 애플릿을 보시오.

표 1.8에 있는 도형에 대한 사실(Shape Facts) 차트를 칠판이나 큰 포스터 용지에 복사하되, 2열과 3열에 기입되어 있는 숫자들은

제외한다. 학생들에게 아는 모양을 말해보게 한다. 각각의 모양에 대해 변과 꼭짓점의 개수를 세어보게 한다. 차트 2열과 3열에 이 숫자들을 기록한다. 곧은 변이 하나도 없고 꼭짓점도 하나도 없는 원에 주의를 기울인다. 학생들이 알지 못하는 모양에 대해 그 모양의 이름을 알려주고 다함께 그 이름을 따라 말하게 한다.

그림 1.8
몇몇 일반적인 기하 도형의 속성

도형에 대한 사실

도형	곧은 변의 개수	꼭짓점의 개수
원	0	0
삼각형	3	3
정사각형	4	4
직사각형	4	4
사다리꼴	4	4
오각형	5	5

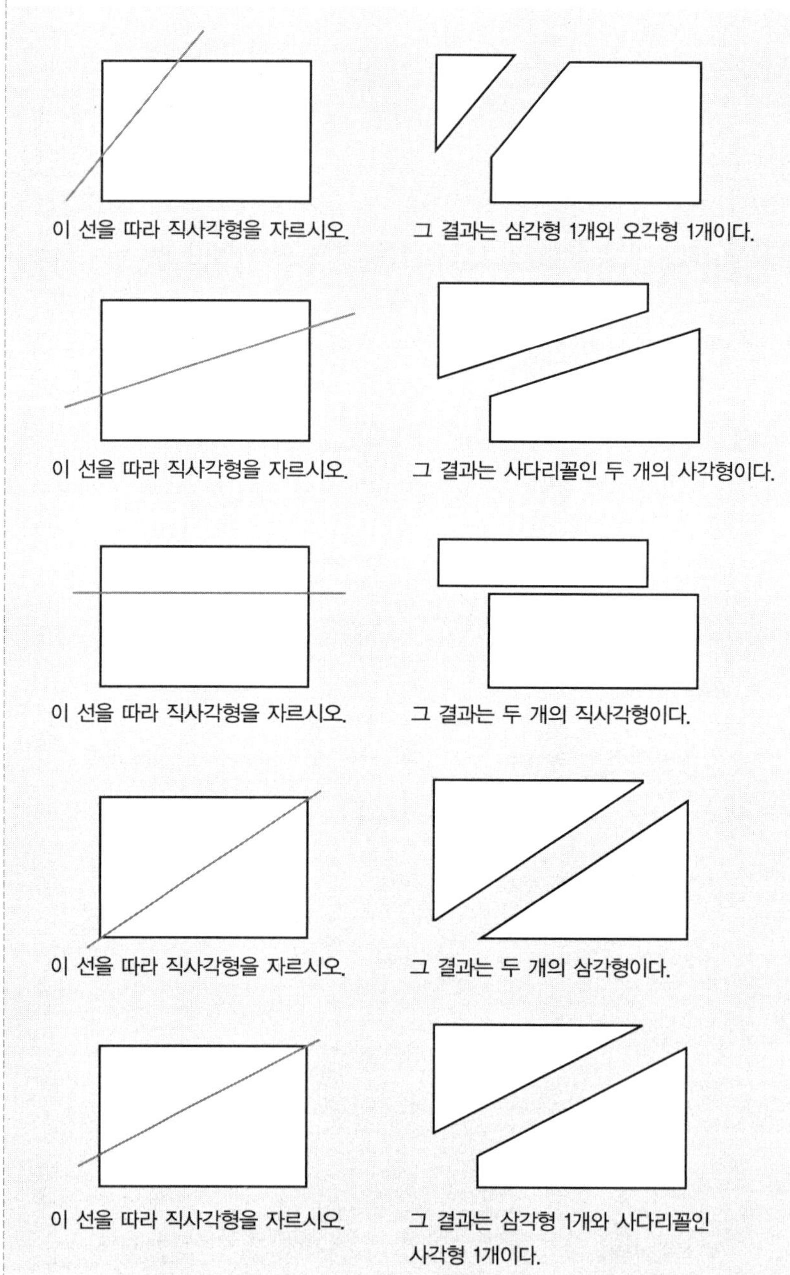

그림 1.9
직사각형 모양의 종이를 잘랐을 때 생기는 몇 가지 예

책상 주위에 학생들을 앉힌다. 책상 중간에 가위, 풀, 흰색 직사각형 종이, 그리고 더 큰 색깔 종이를 놓는다. 학생들로 하여금 흰색 종이의 한 변이나 한 꼭짓점에서부터 다른 변이나 꼭짓점까지 자를 이용하여 곧은 선을 그리고, 그 선을 따라 잘라서 모양을 만들게 한다. 그런 다음 학생들은 색깔 종이 위에 잘라서 만든 두 가지 모양을 붙이고 각 도형의 이름, 곧은 변의 수, 꼭짓점의 개수를 기록해야 한다. 학생들이 이 활동을 여섯 번 반복하게 하되, 매번 새로운 모양을 만들려고 노력하게 한다. 그림 1.9에 자르기 활동의 일부 결과를 보시오. 필요할 때마다 학생들이 사실 차트를 참조할 수 있도록 격려한다.

확장하기

직사각형 대신에 정삼각형이나 사다리꼴로 시작한다. 학생들로 하여금 동일한 과정을 따라 하게 한다. 즉, (1) 원래 도형의 한 변이나 꼭짓점에서부터 다른 한 변이나 꼭짓점까지 한 번만 곧게 잘라서 만들어질 수 있는 도형을 확인한다. 그리고 (2) 잘라서 만든 도형의 크기와 모양을 비교하여 서로 합동인지 알아본다. 그림 1.10에 다양한 가능성을 보시오.

그림 1.10
정삼각형과 사다리꼴을 한 번 잘랐을 때 생기는 몇 가지 결과

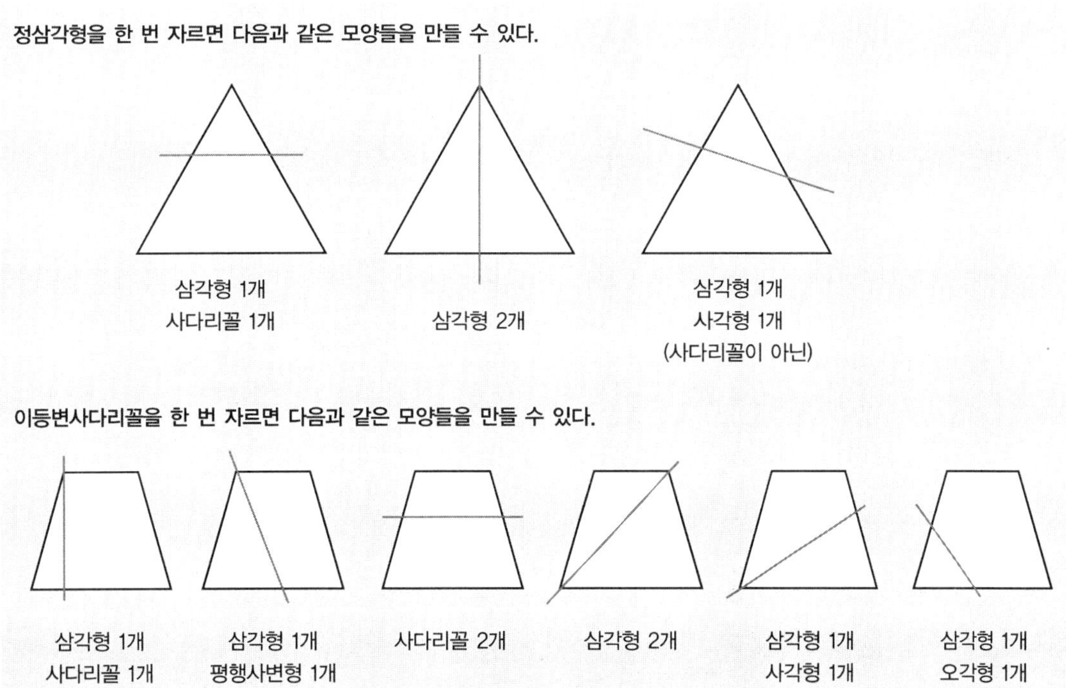

토론

어린 학생들은 돌려지거나 뒤집힌 도형을 인식하는 데 어려움을 느낀다. '모퉁이 자르기' 활동에서 학생들은 여러 가지 방향에서 도형을 볼 수 있는 기회를 갖게 된다(그림 1.11 참조).

이 활동은 학생들이 일반적으로 접하지 못하는 도형의 이름과 속성에 대해 대화할 수 있는 훌륭한 기회를 제공한다. 예를 들어, 학생들은 합동인 변이 하나도 없는 부등변삼각형을 가장 자주 접하게 될 것이고, 그 다음 적어도 2개의 변이 합동인 이등변삼각형을 접하게 될 것이며, 마지막으로 3개의 합동인 변을 가지는, 특별한 종류의 이등변삼각형인 정삼각형을 접하게 될 것이다. 적절한 때에, 학생들에게 직사각형은 직각을 가진 특별한 평행사변형이라는 것, 마름모는 네 변의 길이가 같은 특별한 평행사변형이라는 것, 정사각형은 네 변의 길이뿐만 아니라 네 각의 크기도 같은 특별한 마름모라는 것을 강조한다.

그림 1.11
여러 가지 방향에서 그린 도형

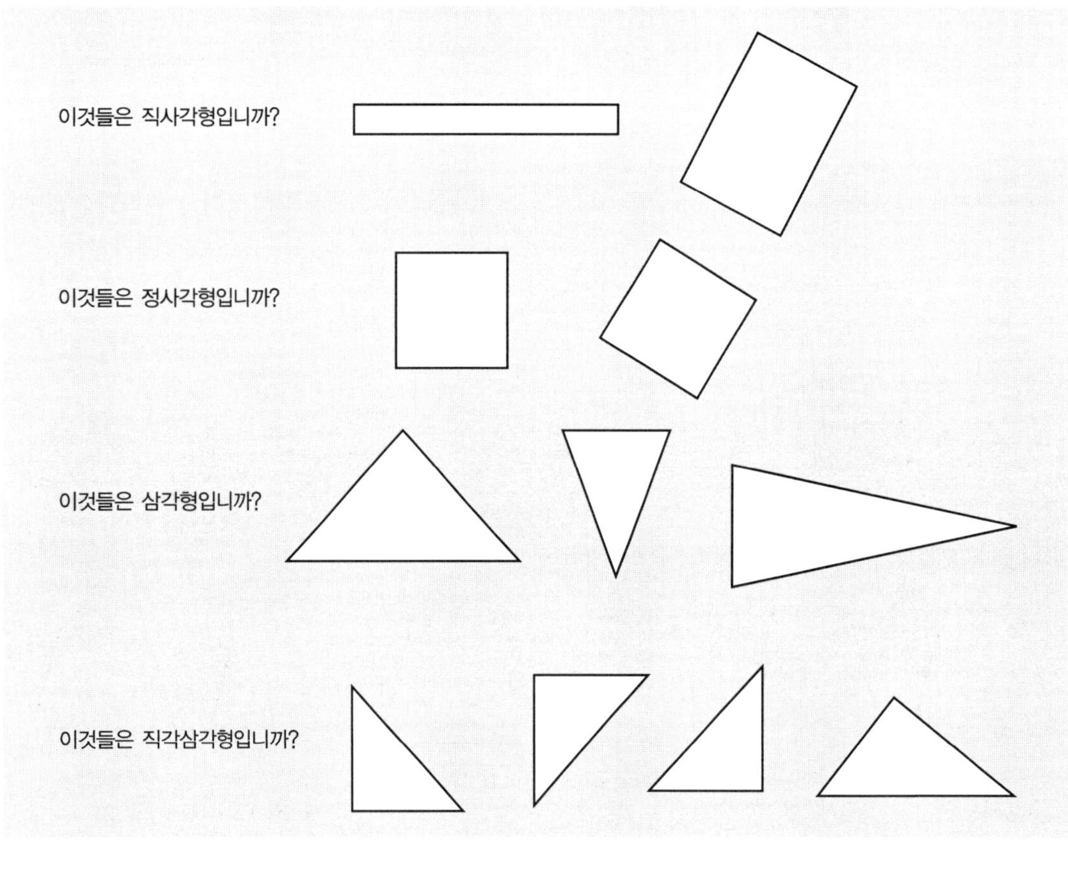

교사는 교실에 도형 사실 차트를 붙이고 한 해 동안 학생들이 새로운 도형을 탐구함에 따라 차트를 확장해나가기를 기대할 수 있다.

전개도 굴리기

2학년

요약

학생들은 삼차원 도형을 굴리면서 외곽선을 따라 그려서 전개도를 만든다.

2차원과 3차원 도형의 속성과 부분을 묘사하라.

학습 목표

- 3차원 도형의 속성과 그 전개도 속성 간의 관계를 인식한다.
- 3차원 도형 하나를 가지고 여러 가지 다른 전개도를 만들 수 있음을 인식한다.

전개도는 3차원 도형을 감싸기 위해 접힐 수 있는 2차원 패턴이다.

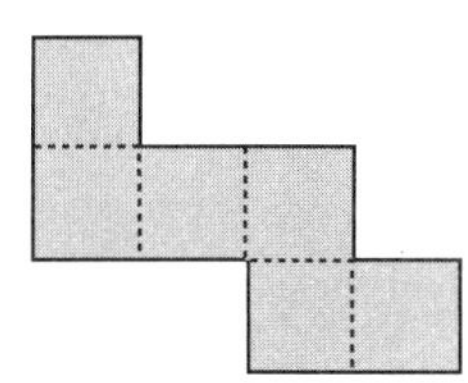

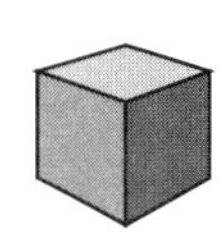

사전 지식

- 3차원 도형의 한 면을 그리는 능력과 인접한 면을 그리도록 모서리를 기준으로 도형을 굴리는 능력

학습 자료 및 교구

- 정육면체와 직사각기둥을 포함하는 블록 세트
- 뗄 수 있는 스티커
- 사용하는 정육면체 한 면의 크기와 같은 정사각형 격자무늬 종이 또는 전개도를 그릴 수 있는 종이
- 가위
- 색연필(선택사항)
- 폴리드론(Polydrons™)이나 전개도를 만들기 위해 사용할 수 있는, 서로 맞춰 끼울 수 있는 교구(선택사항)

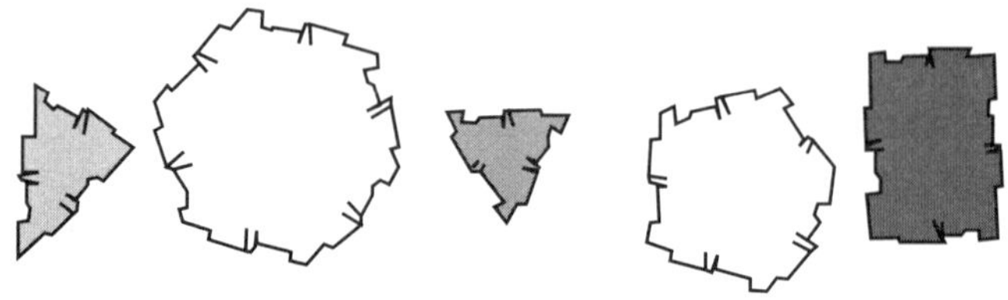

활동

도입하기

정육면체의 한 면과 같은 크기의 정사각형을 가진 모눈종이를 사용함으로써, 정육면체를 굴리면서 전개도의 윤곽선을 그리는 데 도움을 얻을 수 있다.

큰 종이를 놓는다. 정육면체의 한 면에 스티커를 붙인다(그림 1.12 참조). 스티커가 표시된 면이 종이 위에 가도록 정육면체를 놓고 그 면을 따라 그린다. 그리고 방금 그렸던 면과 한 모서리를 공유하는 다른 면에 스티커를 붙인다. 공유된 모서리를 기준으로 정육면체를 굴려서 새롭게 표시된 면이 종이 위로 가도록 놓고, 그 새로운 면을 따라 그린다. 모서리를 기준으로 굴릴 때 정육면체가 미끄러지지 않도록 주의한다.

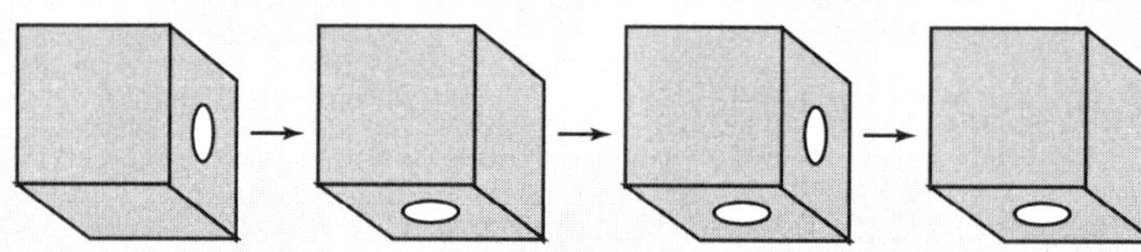

그림 1.12
정육면체의 면에 붙인 스티커

블록을 들어서 어떻게 정육면체의 두 면을 나타내는 맞닿은 두 정사각형 그림을 그렸는지 학생들에게 보여준다. 먼저 스티커를 한 면에 붙인 후 그 면을 종이 위에 놓고 따라 그리는 방법으로 모든 면을 그릴 때까지 정육면체를 계속 굴린다.

다른 가능성이 있기도 하지만, 만약 정육면체의 면을 그림 1.13에 제시된 대로 번호를 붙인다면, 마지막 그림은 아마도 그림의 오른편에 제시된 두 전개도 중 하나와 같을 것이다. 안에 숫자가 있는 채로 그 전개도를 접는다면 이것은 그 정육면체를 감싸는 "재킷"처럼 꼭 맞을 것이고, 전개도의 숫자는 마주한 정육면체의 숫자와 각각 같을 것이다.

전개도(net)라는 용어를 소개하고, 전개도를 3차원 도형을 덮기 위한 "재킷"으로, 접힐 수 있는 2차원 패턴이라고 정의한다. 교

그림 1.13
정육면체의 전개도를 그리는 두 가지 방법

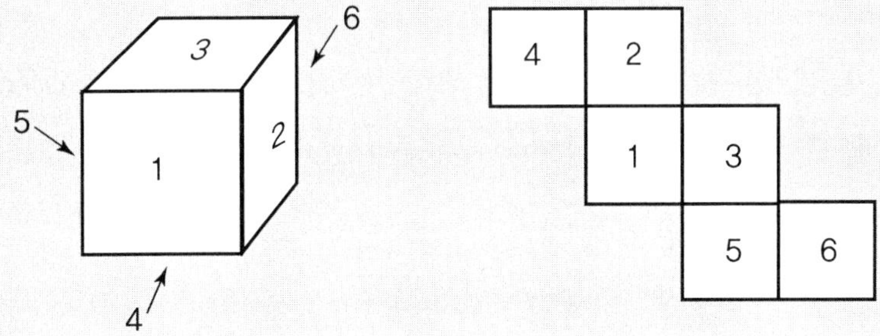

오른편에 있는 전개도를 그리기 위해서 4면에서 시작한다. 그런 다음 정육면체를 오른쪽으로 굴려 2면으로, 그 다음엔 1면으로 내려가고, 오른쪽으로 굴려서 3면, 아래로 굴려서 5면, 그리고 마지막으로 오른쪽으로 굴려서 6면으로 간다.

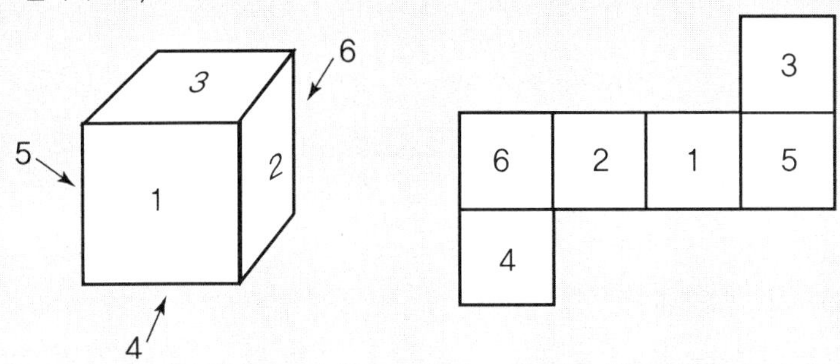

이 전개도를 그리기 위해서 4면에서 시작한다. 그런 다음 정육면체를 위쪽으로 굴려서 6면으로, 오른쪽으로 굴려서 2면으로, 다시 오른쪽으로 굴려서 1면으로, 또 다시 오른쪽으로 굴려서 5면으로, 마지막으로 위쪽으로 굴려서 3면으로 간다.

사가 그린 전개도에 대해 토론한다. 입체도형의 전체 면을 모두 그렸다는 것을 언제 알 수 있는지 그 방법에 대하여 학생들과 이야기한다. 전개도를 잘라서 어떻게 재킷과 같이 그 정육면체를 둘러쌀 수 있는지를 보여준다.

탐구하기

학생들을 모둠별로 앉게 한 다음, 각 모둠에게 정육면체, 정육면체가 아닌 사각기둥, 그리고 적어도 1개의 다른 각기둥이나 각뿔을 제공한다. 학생들이 짝 활동을 하여 한 학생이 입체도형을 굴려서 그 면을 그리는 동안 다른 학생은 입체도형을 붙잡고 있게 한다. 학생들이 전개도에 대해 이야기할 때 각각의 전개도를 더 쉽게 구별하기 위해 전개도를 그릴 때 다른 색깔의 연필을 사용해도 좋다.

일단 학생들이 전개도를 만들었다면 다음 질문을 한다.

- 정육면체의 면과 전개도의 정사각형 개수가 같습니까? (예) 모서리의 개수는 같습니까? (아니오) 꼭짓점의 개수는? (아니오) 왜

그림 1.14
학생들이 그린 삼각기둥의 전개도

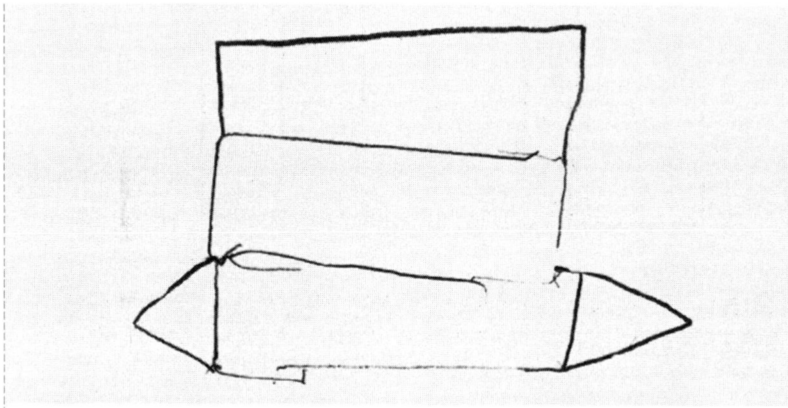

유진이와 유민이는 삼각기둥의 전개도를 다 그린 것인지 아닌 것인지를 결정하려고 한다(그림 1.14 참조). 유진이는 "여기에 4개가 있으니까 두 면을 더 그려야 해."라고 말한다. 그러나 유민이는 "아니야, 1개 더 남았어. 왜냐하면, 여기 봐! 스티커가 없잖아."라고 답변한다.

정육면체보다 전개도에 더 많은 꼭짓점과 모서리가 있는지 토의한다. 재킷을 만들기 위해 어떻게 모서리와 꼭짓점이 만나는지 전개도를 접어서 보여준다.

- 따라 그린 입체의 면이 왜 모두 일직선 위에 있지 않을까요?
- 블록을 종이에서 위로 들거나 이미 그린 면을 반복하기 위해 다시 굴리지 않는 방법으로 항상 모든 면을 그릴 수 있습니까? 그리는 것

그림 1.15
정육면체와 정육면체가 아닌 직육면체의 일부 전개도

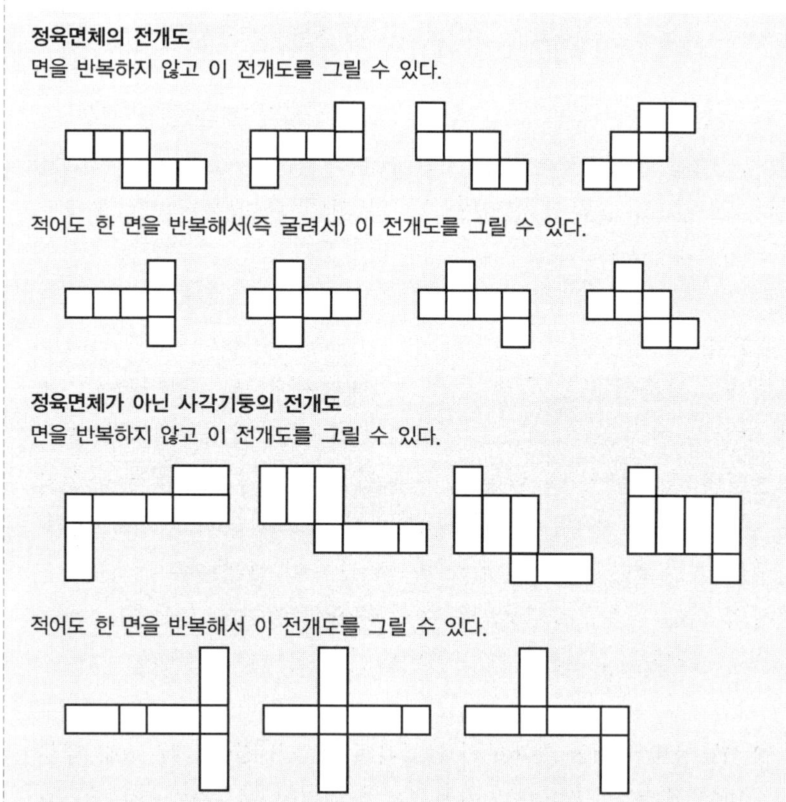

이 가능합니까? (아니오. 어떤 전개도는 한 면을 반복해야만 된다. 그림 1.15 참조)

■ 어떤 전개도가 가장 그리기 쉬운가요? 왜 그렇습니까?

학생들에게 자신들의 전개도를 잘라서 알맞은 블록을 싸 보도록 격려한다. 학생들은 전개도가 실제로 그 입체도형의 "재킷"이라는 것을 이해해야 한다.

확장하기

학생들은 그림 1.16의 각뿔대와 같은 더 복잡한 도형의 전개도를 만들거나, 삼각기둥과 같은 입체도형에 대해 가능한 전개도를 모두 찾아볼 수 있다. 학생들은 또한 폴리드론이나 맞춰 끼우는 다른 자료를 이용하여 전개도를 만든 다음, 자신들이 굴려 만든 전개도와 비교할 수도 있다.

그림 1.16
좀더 복잡한 도형과 그 전개도

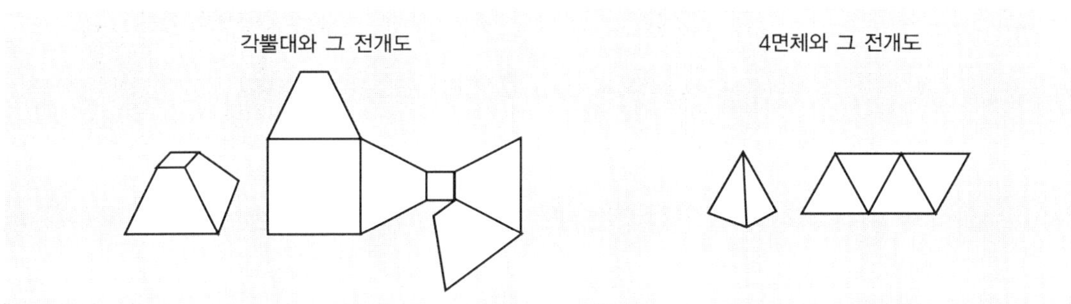

토론

학생들은 전개도를 봄으로써 3차원 도형의 어떤 측면은 시각화하기 쉽고, 어떤 측면은 그렇지 않은지를 관찰해야 한다. 예를 들어 도형에 몇 개의 면이 있는지는 알기 쉽지만, 그 도형이 대칭을 이루고 있는지를 알기는 매우 어렵다.

학생들이 전개도를 만들 때 면을 반복하지 않도록 입체를 굴리는 방법을 예측해보는 능력이 있는지 주의를 기울여 볼 필요가 있다. 어떤 학생들은 이것을 어려워할 것이다. 필요하다면 이 학생들에게 면을 반복하도록 허용해주어야 한다. 그러나 이때 입체를 들어 올리는 것보다는 이미 그렸던 면을 조심스럽게 다시 굴리도록 해야 한다. 학생들이 입체를 들어 올리면 정확한 전개도를 그리기가 어렵다. 예를 들어, 6개의 정사각형이 일직선상에 모두 연결되어 있다면 이것을 접어 정육면체를 만들 수 없다. 원기둥의 전개도는 직사각형에 2개의 원이 서로 반대쪽에 붙어 있는 것과 같다고 설명할 수도 있다.

학생들과 전개도의 용도에 대해 토론한다. 예를 들어 마분지 상자(특히 선물 상자)는 처음에 전개도로 만들어졌다가 나중에 입체 모양으로 접힐 수 있다.

한 교사는 다음과 같이 말한다. "이 활동은 공간 지각력을 증진시켜주고, 뒤집기, 밀기와 돌리기 개념을 강화시켜준다."

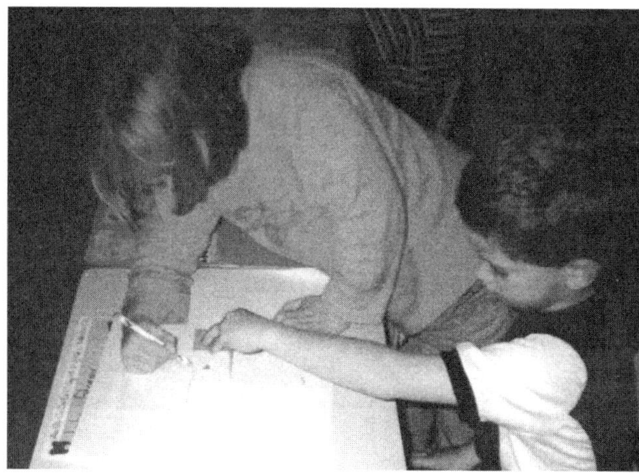

CHAPTER 02

장소와 위치

Navigations Series Prekindergarten-Grade 2

장소는 공간 상황을 설명하는 중요한 측면이다. 한 대상을 찾기 위해 우리는 종종 그 대상이 어디에 있는지를 말할 필요가 있다. 예를 들어 "그 삼각형 옆에 있는 직사각형" 또는 "테이블 왼쪽의 책상"이라고 말할 수 있다. 이렇듯 위치를 나타내는 설명에는 때때로 "그 원에서 1인치 아래에 있는 직사각형"과 같이 측정값을 포함할 수도 있고, "원의 바깥쪽이지만 정사각형의 안쪽"과 같이 관계를 포함하기도 한다.

수학 수업 바깥에서 위치적 어휘를 사용할 많은 기회가 일어난다. 많은 이야기에서 위치를 나타내는 단어를 사용하는데, 특히 등장인물이 무언가 위, 아래, 뒤에 숨을 때 그렇다. 친구의 집을 방문하는 어린이는 부엌에 가기 위해 방향을 알려주는 설명이 필요하게 된다. (예, 똑바로 가서 오른쪽으로 돌아라.) 학생들이 잘 알아야 하는 용어는 다음과 같다. **위(over)**, **아래(under)**, **멀리(far)**, **가까이(near)**, **옆에(next to)**, **안쪽(inside)**, **바깥쪽(outside)**, **바로 위(above)**, **바로 아래(below)**, **오른쪽(right)**, **왼쪽(left)**, **위로(up)**, **아래로(down)**, **앞쪽으로(forward)**, **뒤쪽으로(backward)**. 일부 용어는 상대적이고(**멀리**와 **가까이**와 같이), 일부는 절대적이다(**북쪽**과 **동쪽**과 같이). 학생들은 이를 구별할 수 있어야 한다.

'안과 밖' 활동은 학생들이 물건을 안, 바깥, 위, 아래의 지정된 공간에 놓게 한다. **안**과 **바깥**은 닫힌 도형에만 적용된다는 것을 깨닫는 것이 중요하다. 우리는 여백(2단 그림 참조)에 있는 왼쪽 도형에서는 바깥쪽을 말할 수 있지만 오른쪽 도형에 대해서는 바깥 부분을 말할 수 없다.

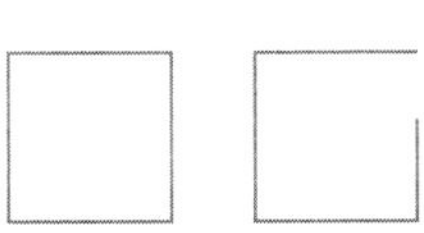

입구가 있는 방의 바깥쪽을 이야기할 때, 마치 문이 닫힌 것처

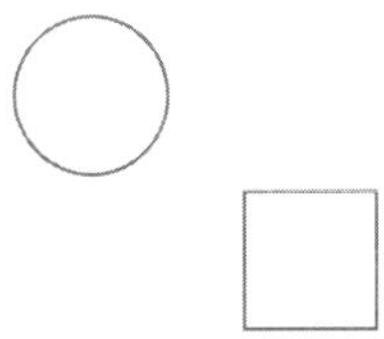

럼 둘러싸인 공간을 생각한다. 바로 위와 바로 아래라는 개념 또한 잠재적인 애매함 때문에 특별한 주의가 필요하다. 예를 들어 우리는 2차원과 3차원에 대해서 말할 때 종종 이 용어를 더 일반적으로 사용하기는 하지만, 어떤 학생들은 **위(above)**를 **똑바로 위(directly above)**라고 해석한다. 이 쪽처럼 평평한 표면에서는 여백(2단 그림 참조)에 있는 원이 정사각형 위에 있다고 말할 수 있다. 왜냐하면 비록 바로 위는 아니지만, 종이의 꼭대기에 가깝기 때문이다.

학생들은 **위**가 의미하는 것을 2차원과 3차원 상황에서 생각할 필요가 있다. 예를 들어 책상의 표면 "위에"는 종이에 있는 정사각형 "위에"와 다르다. 책상 위에서, 종이의 "왼쪽"과 "위"를 나타내기 위해서는 그 종이가 특별한 방향으로 놓여 있어야 한다. 만약 종이를 돌린다면, 그와 같은 기술은 더 이상 정확하지 않게 된다. 이와 같은 혼동은 종이 위에 이름표를 붙임으로써 막을 수 있는데, 예를 들어, 종이의 위쪽에 위쪽(TOP)이라고 쓰는 것이다.

'나의 모눈판을 맞혀봐' 활동에서는 학생들이 짝꿍에게 공간 상황을 설명하게 하고, 그 짝은 상황을 직접 보지 않고 재현해야 한다. 이 특별한 과제는 좋은 수학적 의사소통 능력의 중요성을 강조한다.

또한 장소와 위치 개념에 중요한 것은 지도를 그려보는 것이다. Blaut와 Stea(1974)는 세 살 어린이조차도 장난감으로 간단한 지도를 만들 수 있다고 지적하였다. 학생들은 익숙한 공간에 대한 지도를 그리거나 만드는 경험이 필요하고, 지도를 읽고 해석하는 경험이 필요하다. 학생들은 한 장소에서 다른 곳으로 어떻게 갈 것인지 생각하고 설명하는 기회를 통해 배울 수도 있다. 처음에 지도는 공간에 대한 학생의 독특한 표현이지만 결국 학생들은 나중에 좌표 격자와 같이 더 일반적인 지도를 다루기 시작한다.

'여기부터 저기까지' 활동과 '지도 만들기' 활동은 학생들에게 **앞쪽으로**와 **뒤쪽으로**와 같은 방향을 나타내는 단어를 사용하게 한다. '지도 만들기' 활동은 또한 학생들이 교실의 지도를 만들고 해석하게 한다. '넘어지지 마' 활동은 트위스터 게임과 유사한데, 차이점은 좌표 격자 위에서 활동이 이루어진다는 점이다. 세 가지 활동을 통해 학생들은 우리가 주변의 위치로부터 상대적으로 움직인다는 것과 그러한 움직임을 나타내기 위해 참조점(reference point)이 필요하다는 것을 깨닫게 한다. '로고' 활동, '거북이를 연못에 데려다 줄 수 있겠

니?'에서는 학생들이 거북이가 여행하는 길을 지도로 만들도록 하는데, 이는 책과 함께 수록된 CD-ROM에서 찾을 수 있다. 이 탐색은 또한 NCTM의 일루미네이션 웹사이트인 illuminations.nctm.org에서 찾아 이용할 수 있다. i-Math Investigations를 클릭하고 거북과 연못 아이콘을 클릭하면 된다.

학생 성취에 대한 기대

초등학교 2학년 말까지 학생들은 **가까이**, **멀리**, **뒤쪽으로**, **앞쪽으로**, **안쪽**, **바깥쪽**, **바로 위**, **바로 아래**, **위로**, **아래로**, **위**, **아래** 용어를 포함하여 상대적인 위치를 설명하고 해석하기 위해서 위치를 나타내는 단어를 사용할 수 있어야 한다. 학생들은 간단한 지도를 만들고 해석할 수 있어야 하고, 간단한 좌표의 위치를 명명할 수 있어야 한다.

안과 밖

유아원-유치원

요약

학생들은 위치를 나타내는 용어를 사용하여 지시를 하거나 지시를 따라 해보면서 위치에 대한 어휘를 학습한다.

학습 목표

- **앞**, **뒤**, **앞쪽에**, **뒤쪽에**, **위**, **아래**, **안**, **바깥**, **바로 위**, **바로 아래**, **주위**, **붙어서 위(on)**, **사이**, 그리고 **옆**을 포함하여 위치를 나타내는 단어를 사용하여 지시를 따른다.
- 위치에 대한 어휘를 사용하여 지시를 한다.
- 위치에 대한 관계를 설명한다.

공간을 여행하면서 방향과 거리를 설명하고 이름 짓고 해석하며 방향과 거리에 대한 아이디어를 적용하라.

사전 지식

- 4까지 하나씩 세기

학습 자료 및 교구

- 의자와 아기곰 인형(또는 다른 종류의 속이 채워진 인형)
- 대략 3미터 길이의 털실이나 노끈
- 공작용 종이 또는 접착테이프
- 그리기 재료

활동

도입하기

학생들이 빈 의자 하나를 바라보면서 반원 모양으로 앉게 한다. 학생들에게 예를 들어, "나는 곰 인형을 의자 위쪽에 놓습니다."와 같이 말하면서 곰을 의자의 앞, 뒤, 위쪽, 그리고 아래쪽에 놓는다. 그런 다음 한 번에 한 명씩 지원자를 불러 다음의 지시에 따라 인형을 놓게 한다.

- 곰 인형을 의자 **앞쪽**에 놓아라.
- 곰 인형을 의자 **뒤쪽**에 놓아라.
- 곰 인형을 의자 **위쪽**에 놓아라.
- 곰 인형을 의자 **아래쪽**에 놓아라.

그런 다음 위의 네 가지 위치 중에서 한 곳에 곰 인형을 놓고, "곰 인형이 어디 있는지 누가 말해볼까요?"라고 질문한다. 학생이 의자와 관련지어 곰 인형의 위치를 알맞게 묘사하게 되면, 곰 인형을 다른 위치에 놓고 이 활동을 반복한다.

탐구하기

이 활동을 하기에 앞서 학생마다 종이에 새끼오리를 그리고 그 위에 자신의 이름을 쓴 후 오리게 한다. 털실이나 노끈의 양끝을 연결하여 바닥에 원 모양으로 놓는다. 종이나 접착테이프를 이용하여 바위를 나타내는 더 작은 원을 만들고, 통나무를 나타내는 긴 직사각형을 만들어 이것들을 더 큰 원 안에 놓는다. 학생들에게 그들은 모두 연못에 살고 있는 새끼오리들이고 바위와 통나무가 있는 연못을 바라보고 있다고 생각하게 한다. 위치를 나타내는 용어를 사용하면서 이야기를 들려주는 동안, 학생들은 자신들의 오리 그림을 사용하여 연못에 살고 있는 새끼오리로서의 생활을 연기하게 한다. 다음은 몇 가지 예이다.

- 이른 아침에 모든 새끼오리들이 연못 주위를 산책합니다.
- (**한 학생의 이름을 부르며**) 새끼오리는 (**다른 학생의 이름을 부르며**) 오리의 앞쪽에서 (혹은 뒤쪽에서) 연못 주위를 걷고 있습니다.
- 네 마리의 새끼오리는 통나무 위에 앉는 것을 좋아합니다. (**한 학생의 이름을 부르며**) 새끼오리는 항상 (**다른 학생의 이름을 부르며**) 오리의 옆에 앉습니다.
- (**한 학생의 이름**) 새끼오리는 연못에서 헤엄을 칩니다.
- (**한 학생의 이름**) 새끼오리는 연못 밖에서 잠을 잡니다.
- 세 마리의 새끼오리는 통나무 위에 앉아서 이야기하는 것을 좋아합니다. (**한 학생의 이름을 부르며**) 새끼오리는 (**한 학생의 이름**) 오리와 (**한 학생의 이름**) 오리 사이에 앉아 있습니다.

모든 학생들이 다양한 방식으로 참여하게 하면서, 이와 같은 또는 유사한 지시를 반복해서 여러 번 되풀이할 수 있다. 시간이 흘러 학생들이 점차 위치를 나타내는 용어에 익숙해짐에 따라 학생들 스스로 연못에서의 생활에 대해 문장을 만들고 다른 친구들로 하여금 역할극을 하게 한다.

"교사는 대화, 시범, 그리고 이야기를 통해서 어린 학생들이 공간에서의 상대적인 위치에 대한 지식을 확장하게 해주어야 한다." (NCTM, 2000, 98쪽)

학생들이 위치들 사이의 관계에 대해 인식하게 한다. 예를 들어, 학생들은 다음과 같은 상황을 묘사할 수 있어야 한다.

- 만약 유민이가 유진이 뒤쪽에 있다면, 유진이는 유민이 앞쪽에 있는 것이다.
- 만약 민서가 보람이 옆에 있다면, 보람이는 민서 옆에 있는 것이다.
- 만약 나뭇잎이 통나무 아래쪽에 있다면, 통나무는 나뭇잎 위쪽에 있는 것이다.
- 만약 연못의 가장자리가 정현이와 길정이 사이에 있고, 정현이가 연못 안에 있다면, 길정이는 연못 밖에 있는 것이다.

확장하기

학생들에게 그림 그릴 재료를 제공한 다음에 위치 관계를 설명하게 한다. 학생들의 그림을 서로 나누어보도록 하고 자신들이 나타낸 관계를 설명하게 한다. 어린 학생들이 이러한 관계들을 묘사하기는 어렵기 때문에 말로 묘사해보는 것이 특별히 중요하다. 교사는 학생들이 사용한 문장(예를 들면, '강아지가 테이블 아래쪽에 있다.')을 적어 게시판에 그림과 문장을 함께 전시할 수도 있다. 이러한 위치 용어를 강화하기 위해서 학생들에게 게시판에 가서 그림을 보고 그 그림을 묘사하게 한다.

일부 학생들로 하여금 글(writing)로 표현된 위치 용어를 인식하게 할 수도 있다. Bailey의 책방(Bailey's Book House)이라는 소프트웨어에는(Lindstrum et al., 1992) 학생들이 강아지 집과 관련지어 강아지의 위치를 알려주기 위해 적힌 단어를 선택하게 하는 활동이 있다.

토론

공간 관계를 묘사하는 능력은 2개 또는 그 이상의 사물이나 사람들의 위치나 상대적 자리에 대해 의사소통하는 데 도움을 준다. 위치를 나타내는 단어는 어떤 사물(또는 사람)의 위치를 다른 사물(또는 사람)과 관련지어 묘사하는 데 사용된다. 이러한 단어들을 사용하여 지시하고 지시를 따라봄으로써 학생들은 위치 관계에 집중하게 되고, 위치를 묘사하는 기초적인 방법을 깨닫게 된다.

학생들에게 **옆에**라는 용어는 관찰자의 위치에 덜 의존하는 경향이 있는 반면에, **앞쪽에** 또는 **뒤쪽에**라는 용어는 특정한 시각적 관점을 전제로 하고 있다는 점을 알게 할 수도 있다.

'안과 밖' 활동에서 사용된 용어들에 의한 개념은 왼쪽과 오른쪽이라는 아이디어에 선행한다. 나중에 학생들은 간단한 지도를 사용하여 위치를 묘사하는 자신들의 능력을 더 개발하게 될 것이다.

나의 모눈판을 맞혀봐

유치원-초등 1학년

요약

학생들은 짝을 지어 활동한다. 한 학생이 4칸으로 나누어진 한 장의 종이 위에 3개 내지 5개의 모양을 배치한다. 위치나 도형을 나타내는 어휘를 사용하여, 이 학생은 짝에게 도형이 어떻게 배치되어 있는지 묘사한다. 짝은 동일한 모양 세트를 이용하여, 첫 번째 학생이 묘사한 대로 도형들을 배치한다.

"가깝게"와 같은 간단한 관계를 가지고 지도와 같은 좌표 시스템에서 위치를 찾고 이름을 붙여라.

학습 목표

- 상대적 위치를 묘사한다.
- 위치를 나타내는 용어를 사용한다. (**바로 위, 바로 아래, 오른쪽, 왼쪽, 앞쪽에, 뒤쪽에**)
- 모눈판을 이용하여 사물을 배치한다.

모눈판(grid)은 장소를 묘사할 수 있도록 수직선과 수평선으로 줄쳐진 것을 말한다.

사전 지식

- 2차원 도형의 이름을 알기
- 위치를 나타내는 어휘에 익숙하기

학습 자료 및 교구

- 각 쌍의 학생당 장벽처럼 사용할 기다란 책이나 파일 폴더
- 각 쌍의 학생당 3개 내지 5개의 도형이 들어 있는 동일한 두 세트의 도형 꾸러미(패턴 블록, 속성 블록 또는 로직 블록)
- 각 쌍의 학생당 사분면 모양의 모눈판 2개

활동

도입하기

책상 하나에 2개의 의자를 나란히 놓는다. 두 의자 사이의 책상 위에 장벽을 만들어서 학생들이 서로의 활동을 보지 못하게 한다(그림 2.1 참조). 이 활동을 안내하기 위해서 교사는 장벽의 한쪽에 앉

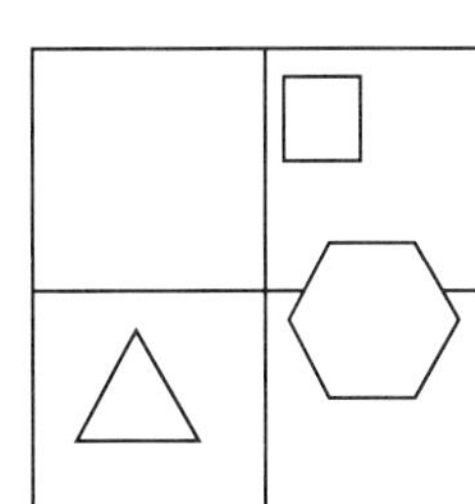

사분면 모눈판 위의 3개의 도형

그림 2.1 모눈 게임

고, 한 학생을 다른 쪽에 앉힌다. 교사와 그 학생은 동일한 도형 꾸러미(예를 들면, 원, 정사각형, 육각형)와 사분면으로 나누어진 모눈판을 가지고 있다는 것을 보여준다. 학생이 할 일은 모눈판 위에 도형을 배치하고 그것을 교사에게 직접 보여주지 않은 채 말로써 설명하는 것임을 알려준다. 교사가 할 일은 학생이 묘사한 대로 자신의 도형을 배치하는 것이다. 이 활동을 반복하되, 의도적으로 지시를 잘못 이해한 척하여 학생들이 교사의 오류를 찾아내도록 한다. 모든 지시를 다 마친 후에, 장벽을 치워서 학생이 도형의 위치와 자리가 모두 맞는지 확인할 수 있게 한다.

탐구하기

학생들로 하여금 차례로 교사의 역할을 맡으면서 짝과 함께 이 활동을 반복하게 한다. 학생들의 수준에 맞게 3개 내지 5개의 도형을 준다. 첫 번째 학생은 모든 도형을 한 칸에 배치할 수도 있고, 모든 칸에 흩어 놓을 수도 있으며, 또는 사분면 사이의 선 위에 놓을 수도 있다. 두 번째 학생은 묘사된 도형의 위치를 몰래 훔쳐보지 못한다는 점을 설명한다. 활동을 시작하기 전에 질문(예를 들면, 원이 직사각형 가까이에 있니?)을 할 수 있는지 없는지를 결정한다.

도형의 위치를 묘사하기 위해서 학생들은 **바로 위**, **짧은 변**, **두 손가락 아래**, **오른쪽**, **모서리 근처**와 같은 공간 어휘와 도형 어휘를 사용하여야 한다.

학생들이 이 활동을 진행하는 동안 학생들이 사용하는 어휘를 듣고 다음 질문에 대한 메모를 한다.

- 학생들이 왼쪽과 오른쪽을 올바로 구분하는가?
- 학생들이 꼭대기와 바닥 또는 바로 위쪽, 바로 아래쪽과 같은 언어를 사용하는가?
- 학생들이 도형의 자리보다 모양을 묘사하는 것을 더 어려워하는가? 아니면 반대인가?
- 학생들은 도형이 표준적인 방향을 가지고 있다고 생각하는가? 예를 들면, 삼각형 밑변이 수평일 때에만 삼각형을 제대로 알아보는가?
- 어떤 도형을 가장 먼저 묘사하는가? 학생들의 접근 방법에 패턴이 있는가?

확장하기

학생들은 더 많은 도형이나 더 많은 칸으로 구분된 모눈판을 사용할 수 있다. 만약 한 도형이 예를 들어 대칭축을 하나만 가지고 있다면, 그 도형이 어떤 방향으로 있는지 주의 깊게 묘사하는 것이 훨씬 중요할 것이다. 예를 들어, 그림 2.2의 사다리꼴을 묘사하기 위해 학생들은 "나는 그 사다리꼴에 대해 얘기하고 있어. 긴 변이 왼쪽에서 위와 아래로 놓여 있어."라고 말할 수 있다.

그림 2.2
사다리꼴

토론

어린 학생들은 종종 도형의 배치를 "포괄적으로(globally)" 다루는데, 이는 학생들이 도형의 구성 요소나 그 구성 요소들 간의 관계를 인식하는 것을 어렵게 만든다. 예를 들면, 학생은 2×3 모눈판을 하나의 직사각형으로 볼 수는 있지만, 그 직사각형을 이루고 있는 6개의 정사각형을 "보지(see)" 못할 수도 있다. 이 활동에서는 학생들이 배치된 도형 각각의 양상을 보아야 한다. 이 활동에서는 또한 학생들이 자기만의 독특한 언어보다는 공통된 언어를 사용하여 다른 사람이 그것을 듣고 일치되는 배치를 만들 수 있게 해야 한다는 점을 깨닫도록 도와준다.

"학생들이 생각을 명확하게 의사소통하는 데 어려움을 겪을 때, 자신들의 사고에 대해서 더 깊은 이해를 하게 된다." (NCTM, 2000, 129쪽)

이 활동은 측정 어휘(예를 들면, 더 긴 변, 더 짧은 변), 위치 어휘, 그리고 도형 어휘(도형의 이름과 모퉁이 또는 꼭짓점과 모서리와 같은 단어)를 통합한다. 이 활동에 사용되는 사분면 모눈판은 두 줄과 두 칸으로 구성된 간단한 좌표 시스템이므로, 이 활동은 또한 좌표 시스템을 자연스럽게 소개하는 활동이 될 수 있다.

여기부터 저기까지

유치원-초등1학년

공간을 여행하면서 방향과 거리를 설명하고 이름 짓고 해석하며 방향과 거리에 대한 아이디어를 적용하라.

요약

학생들은 **위로**, **아래로**, **오른쪽**, **왼쪽**이라는 단어를 사용하여 이동을 묘사하면서, 모눈판 위의 한 지점에서 다른 지점까지 가기 위한 다양한 경로를 결정한다.

"교사의 주요 책임은 학생들이 다양한 표현을 사용하도록 격려하는 학습 환경을 만드는 것이다." (NCTM, 2000, 139쪽)

학습 목표

- 위치를 구체화하고 공간 관계를 묘사한다.
- 방향, 거리, 그리고 위치에 대한 공간상의 단서를 제공하고 따른다.
- 공간적인 정보를 기록하기 위해 표현 방법을 만들어낸다.
- 왼쪽과 오른쪽을 구별한다.

사전 지식

- 1에서 10까지 세기

학습 자료 및 교구

101, 102쪽

- 각 학생에게 제공할 학습 활동지 [학교 가기] 복사본
- 각 학생에게 제공할 학습 활동지 [여기부터 저기까지] 복사본
- 도표
- 접착테이프
- 색연필

활동

도입하기

교실의 개방된 한 장소에 학생 한 명을 서 있게 한다. 그 다음 다른 학생 한 명을 서 있게 하는데, 두 학생 모두 같은 방향을 바라보게 하고 두 학생 간에 가상의 선을 그릴 때 그 선이 교실 벽면과 평행이 되거나 수직이 되게 한다. 예를 들어, 오른쪽으로 다섯 발걸음 또는 앞으로 네 발걸음과 같이, 나머지 학생들에게 두 번째 학생이 첫 번째 학생에게 가기 위해 어떻게 움직여야 하는지 묘사하게 한다. 학생들의 지시가 얼마나 정확했는지 알아보기 위해 두 번째 학생으로 하여금 그 지시를 따라 보통의 보폭으로 걷게 시킨다. 필요하다면 지시를 수정한다. 학생들의 보폭이 다양하기 때문에 정확히 몇 걸음을 가도록 지시하는 것은 어렵다는 점에 대하여 학생들과 토의한다. 학생들이 "표준 발걸음"을 개발할 필요가 있다는 점을 인식하게 한다.

"학생들은 점차적으로 거리와 측정에 관한 개념과 함께 **왼쪽**이나 **오른쪽**과 같은 내비게이션 아이디어를 구분할 수 있어야 한다." (NCTM, 2000, 99쪽)

처음 두 학생들은 자리에 앉도록 하고, 두 명의 다른 학생들의 위치를 정하는데, 이번에는 한 명이 다른 한 명에게 가기 위해서 그림 2.3처럼 "대각선으로만" 움직이게 한다. 학생들의 위치를 접착테이프로 표시해둔다. 전체 학생들에게 서 있는 한 학생을 다른 학생이 있는 곳으로 움직이게 하기 위한 지시를 내리게 하되, 조건은 모든 발걸음이 똑바로 오른쪽이나 왼쪽, 앞쪽이나 뒤쪽으로 이동해야 한다는 것이다. 예를 들면, 학생은 앞으로 세 걸음 간 후 오

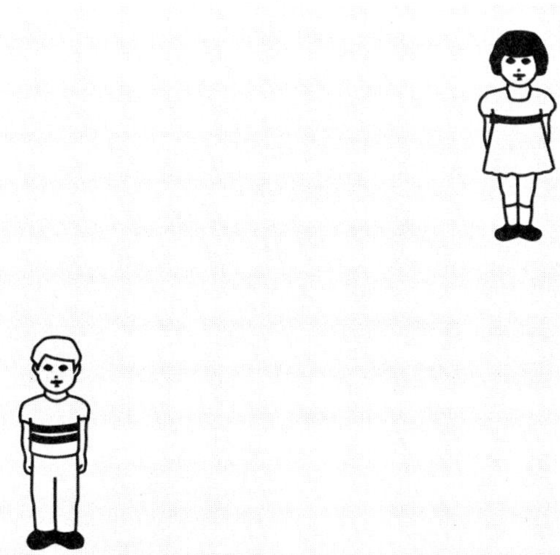

그림 2.3
대각선으로 위치해 있는 두 학생

른쪽으로 네 걸음 가라고 지시받을 수 있다.

일단 정확한 지시를 결정하고 나면, 그것을 도표에 기록한다. 학생들이 교사와 함께 그 지시를 읽게 하고, 한 번에 여러 개씩 행동을 시범 보이게 한다. 그런 다음, 움직인 학생 중의 한 학생을 원래 위치로 돌아가게 시킨다. 그 학생에게 여전히 오른쪽, 왼쪽, 앞쪽 또는 뒤쪽만을 이용하여 두 번째 학생에게 도달할 수 있는 또 다른 일련의 지시를 하게 한다. 방향을 여러 번 바꾸어도 괜찮다고 설명한다. 예를 들면, 그 학생은 앞으로 조금 이동한 후 오른쪽으로 이동하고, 다시 앞으로 조금 더 간 후 오른쪽으로 조금 더 이동할 수 있다. 이러한 지시도 기록한다.

학생들로 하여금 두 세트의 지시를 비교하여 어떤 면에서 같고 어떤 면에서 서로 다른지 알아보게 한다. 마지막으로, 한 위치에서 다른 위치를 향해 걸어가되, 일관된 보폭으로 똑바로("대각선으로") 걸어가게 한다. 곧은 선으로 걸어가면 직선이 아닌 길로 가는 것보다 항상 더 적은 발걸음 수가 필요하다는 것을 알려준다.

다음에 제시된 두 가지 경로는 모두 앞으로 세 걸음, 오른쪽으로 네 걸음 이동한다.
3걸음 전진
4걸음 오른쪽으로 이동

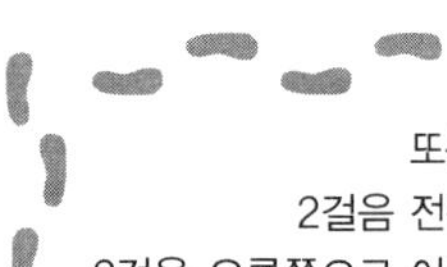

또는
2걸음 전진
2걸음 오른쪽으로 이동
1걸음 전진
2걸음 오른쪽으로 이동

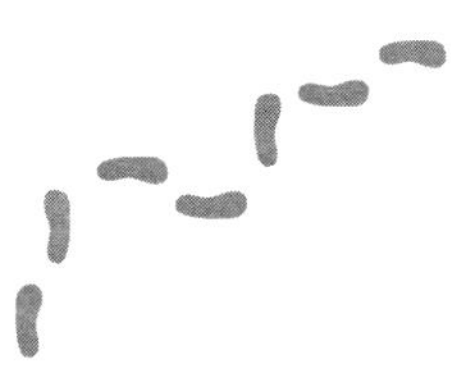

탐구하기

각 학생에게 학습 활동지 [학교 가기] 복사본을 나누어준다. 모눈판에서 위쪽, 아래쪽, 오른쪽, 왼쪽으로 이동하는 것이 어떻게 교실 바닥에서 위쪽, 아래쪽, 오른쪽, 왼쪽으로 이동하는 것을 나타내는지 시범을 보인다. 학생들로 하여금 버스에서 학교까지 갈 수 있는 경로를 가능한 한 많이 색연필로 표시하게 하되, 항상 위쪽, 아래쪽, 오른쪽, 왼쪽만을 사용하게 하여라. 각각의 경로는 각기 다른 색으로 표시되어야 한다. 학생들은 자신들의 경로를 묘사할 수 있을 것이다.

그런 다음, 각 학생들에게 학습 활동지 [여기부터 저기까지]의 복사본을 나누어준다. 학생들에게 선이 교차하는 두 곳을 정하여 표시하거나 작은 물건을 그리게 하되, 이 두 지점이 동일한 수평선이나 수직선 위에 있지 않게 주의를 준다. 학생들이 적당한 난이도의 위치를 고르도록 격려한다. 학생들이 할 일은, 다시 한 번, 한 위치에서 다른 위치로 가기 위한 경로를 가능한 많이 찾아보는 것이다. 학생들이 색연필을 사용하여 모눈판 위에 경로를 그릴 수도 있겠지만, 기호나 그림을 넣어 경로를 표현하는 방법을 고안할 수 있도록 격려해도 좋다.

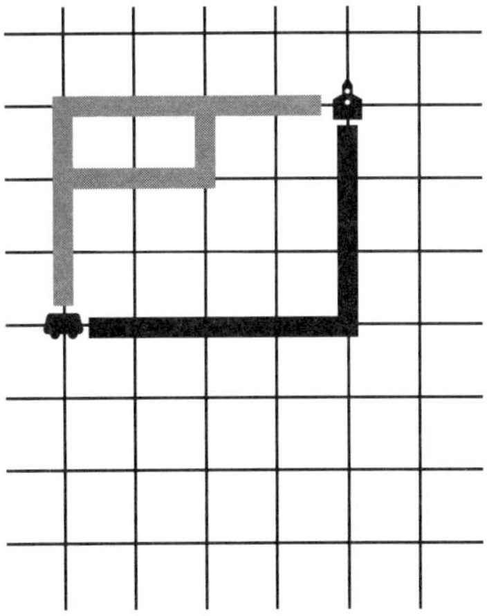

진로를 벗어나거나 후진하지 않고 35가지의 다른 경로가 가능하다.

확장하기

예를 들어, 다섯 걸음 떨어진 모든 지점과 같이 출발점에서 위쪽, 아래쪽, 오른쪽, 왼쪽으로 특정한 "발걸음(모눈에서는 선과 선의 사이)"만큼 떨어진 지점들을 학생들에게 모두 찾아보게 할 수 있다.

토론

이 활동은 학생들이 다양한 측정 및 공간을 다루는 주제를 탐구해 볼 수 있게 한다. 이 활동의 핵심은 거리와 방향, 특히 왼쪽과 오른쪽을 포함하는 지시를 따르는 학생들의 능력을 개발시키는 것이다. 그러나 표준화된 "발걸음" 단위의 필요성 또한 학습의 주요 부분이다.

한 지점에서 다른 지점으로 이동하는 경로가 많다는 것을 관찰하는 동안, 학생들은 수학적인 상황의 부분적 요소들이 수학의 전체와 어떻게 관련되는지 볼 수 있는 기회까지 갖는다. 학생들은 또한 두 지점 사이의 최단거리로서의 곧은 선에 관한 정의도 더 잘 이해하게 된다.

이 활동은 모눈선을 따라서만 움직일 수 있는 "택시 기하학(taxicab geometry)"으로 알려진 수학 영역의 간단한 문제이다.

일부 학생들은 자신들의 경로를 묘사하기 위한 기록 방법을 개발하는 데 도움을 필요로 할 수 있다. 다음은 위로 두 번, 오른쪽으로 세 번, 위로 한 번, 그리고 오른쪽으로 한 번 이동한 경로를 나타내기 위한 세 가지 표현이다.

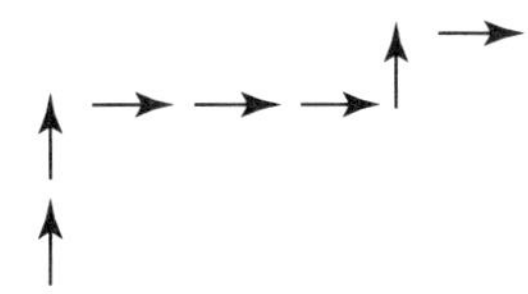

U U R R R U R

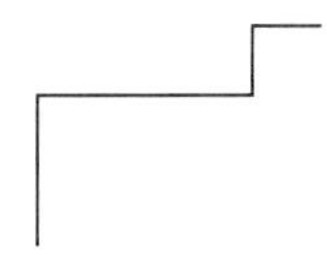

주어진 위치(X)로부터 다섯 걸음 위, 아래, 오른쪽, 왼쪽으로 가장 멀리 떨어진 지점들을 연결하면 원래 위치를 중심으로 하는 "정사각형"이 된다.

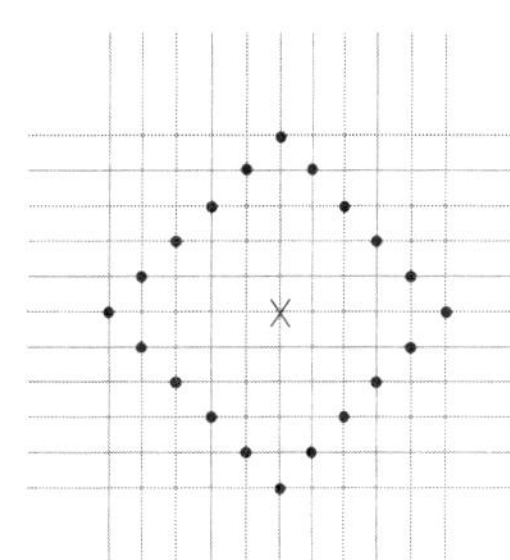

지도 만들기

1-2학년

요약

학생들은 익숙한 지역의 지도를 만들고 해석한다.

학습 목표

공간을 여행하면서 방향과 거리를 설명하고 이름 짓고 해석하며 방향과 거리에 대한 아이디어를 적용하라.

- 3차원의 환경을 2차원으로 표현한다.
- 지도를 만들고 해석할 때 위치를 나타내는 어휘를 사용한다.

사전 지식

- **가까운**, **먼**, **옆**과 같이 간단히 위치를 나타내는 어휘에 익숙하기

학습 자료 및 교구

- 각 모둠별로 다양한 크기와 모양의 블록 세트
- 각 모둠별로 차트 종이
- 연필

활동

도입하기

보물지도와 숨겨진 보물을 찾기 위해 해적들이 어떻게 지도를 사용할 수 있었는지 이야기하면서 활동을 시작한다. 학생들에게 교실 안에 숨길 "보물" 한 개를 보여준다. 누군가 숨겨진 보물을 찾기 위해 사용할 수 있는, 교실에 대한 지도를 만드는 것을 도와달라고 학생들에게 말한다.

교실에서 길잡이표, 즉 지도에 포함해야 할 만큼 중요한 대상과 포함하지 않아도 될 만큼 중요하지 않은 대상에 대해서 이야기한다. 학생들이 어떻게 여러 가지 모양과 크기의 블록들을 사용하여 지도를 만들 수 있는지 시범을 보인다. 예를 들면, 긴 탁자는 사각기둥으로 표현할 수 있고, 쓰레기통은 작은 원기둥으로 표현할 수 있다(그림 2.4 참조). 교실에서 가까이에 있는 물건들은 지도에서

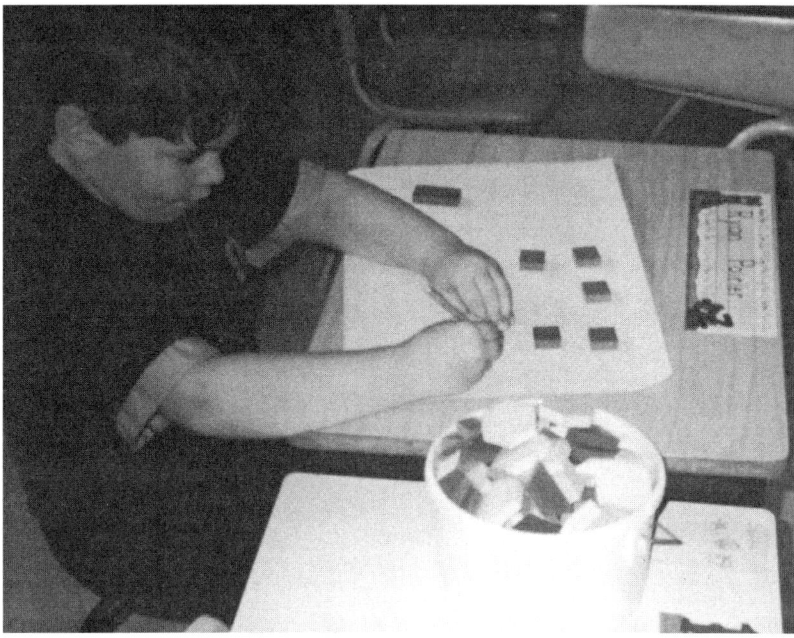

그림 2.4
라이언은 "책상은 일종의 정사각형이므로 나는 책상을 나타내기 위해 정사각형을 선택했어."라고 설명했다.

도 가까이 있어야 하고 실제로 멀리 떨어져 있는 물건들은 지도에서도 멀리 떨어진 것으로 표현해야 한다는 것을 설명한다.

지도를 완성하고 나면 학생들의 눈을 감게 한 후 비밀의 보물을 숨긴다. 그리고 학생들의 눈을 뜨게 한다. 지도에서 보물의 위치를 가리킨 다음, 한 학생에게 숨겨진 보물을 찾게 한다. 이러한 과정을 서너 번 반복한다.

탐구하기

학생들을 모둠으로 나누고 각각의 모둠에게 교실 지도를 만들기 위한 차트 종이 한 장과 블록 한 세트를 나누어준다. 각 모둠에게 예를 들어, 칠판에서부터 문쪽의 이야기코너까지, 지도상에서 특정한 시작점에서 다른 특정한 도착점까지 가는 길을 보여줄 준비를 하라고 말한다. 학생들은 블록을 따라 그려서 지도에 기록을 하고 이를 이용해서 길을 표현할 수도 있다.

학생들이 지도를 만들 때 얼마나 정확하고 쉽게 위치를 나타내는 단어를 사용하는지, 다른 크기의 물건을 어떻게 표현하는지, 그리고 물건의 상대적인 위치와 거리를 지도상에서와 기록된 표현 방법에서 어떻게 보존시키는지를 관찰한다. 그림 2.5는 한 모둠의 표현을 나타낸 것이다.

그림 2.5
한 모둠이 표현한 블록 지도

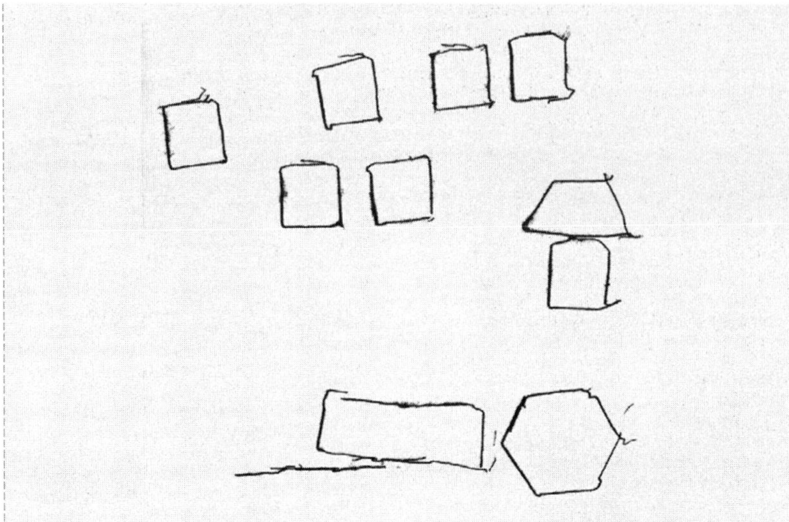

확장하기

여러 가지 다른 지시를 사용하여 이 활동을 확장할 수 있다. 한 가지 방법은 학생들에게 운동장, 체육관, 식당, 다른 교실과 같이 학교의 다른 장소에 대한 지도를 만들게 하는 것이다. 두 번째 방법은 지도를 만들기 위해 블록 대신 그림을 그리게 하는 것이다(그림 2.6

그림 2.6
한 학생이 교실을 그린 지도

참조). 세 번째 방법은 다른 사람이 그린 지도를 학생들로 하여금 해석하게 하는 것이다. 예를 들어, 학생들에게 다른 교실 지도를 보여주고 그 지도를 이용하여 그 교실의 여러 위치를 돌아다니는 방법을 설명하게 할 수도 있다. 학생들은 또한 그 지도가 자신들의 교실 지도와 어떻게 다른지에 대해서도 이야기할 수 있다.

토론

일부 학생들은 3차원 물건을 2차원 모양으로 표현하는 것이나 영구한 지도를 만들기 위해 블록을 따라 그리는 것을 어려워할지도 모른다. 특히, 학생들은 실제 물건의 높이를 모델링할 때 좌절하게 될지도 모른다. 다양한 크기의 블록을 제공해주거나 학생들과 이 문제에 대해 명료하게 논의하면서 높이의 변화를 나타내기 위한 다른 방법을 고려해봄으로써 이 문제를 다룰 수 있다.

일부 학생들에게는 지도를 먼저 보여줌으로써 지도가 어떻게 생겼는지에 대한 아이디어를 제공해줄 수 있다. 그러나 다른 학생들은 다른 사람의 접근 방법을 보기 전에 위에서 기술된 순서를 활용하여 자기만의 아이디어를 사용하여 스스로 지도를 만들어봄으로써 더 쉽게 배울 수도 있다.

넘어지지 마!

1-2학년

요약

학생들은 좌표 격자무늬 바닥의 매트 위에서 하는 트위스터와 비슷한 게임을 한다. 학생들은 자신들의 손과 발을 어디에 둘 것인지 결정하기 위해서 왼쪽-오른쪽 방향과 위-아래 방향을 따르고 그래프상의 지점을 이름 짓는 방법에 대해서 배운다.

학습 목표

- 그래프에서 새로운 지점을 표시하기 위해 "오른쪽" 또는 "왼쪽"

좌표 기하와 다른 표현 시스템을 사용하여 위치를 나타내고 공간 관계를 설명하라.

숫자와 "위쪽" 또는 "아래쪽" 숫자를 사용한다.

- 그래프의 한 지점에 대해 "오른쪽"과 "위쪽" 숫자처럼 좌표 쌍을 찾을 수 있다.

사전 지식

- 왼쪽과 오른쪽의 손과 발 알기

학습 자료 및 교구

- 시중에 판매되는 격자무늬 또는 플라스틱 샤워커튼 안감에 그려진, 집에서 만든 격자무늬.

  기준은 (0, 0)점이고 격자에 가로축과 세로축을 나타내는 화살표가 표시되어 있어야 한다. 격자의 치수는 그림 2.7에 제시된 것과 같이 최소한 8×8칸은 되어야 한다.

- 그림 2.8처럼 이름표를 붙인 두 번째 격자무늬
- 그림 2.9의 지시에 따라 만든 4개의 방향 카드. 손과 발에 대해 각각 2개의 카드씩
- 그림 2.9의 지시에 따라 만든 4개의 좌표 카드. 손과 발에 대해 각각 2개의 카드씩

활동

도입하기

바닥에 그림 2.7의 격자를 놓는다. 격자의 아래쪽에 학생들을 앉게 한다. 학생들에게, 그래프 위에서는 선이 교차하는 지점에만 서 있을 수 있다고 말한다. 가로축과 세로축(각각 바닥에 있는 선과 가장 왼쪽의 세로선) 위에 있는 점들을 포함하여 가능한 위치가 어디인지 예를 들어 설명하여 학생들이 어디에 설 수 있는지 확실히 알게 한다. 기준 위의 큰 점에 서 있게 한다. 학생들에게 그 점이 (0, 0)점을 나타낸다는 것과 그 점은 다른 점으로 움직이기 전에 학생들이 서 있어야 할 점이라는 것을 말한다.

한 학생을 불러서 (0, 0)점에 서게 한 다음 "오른쪽으로 2" 움직이라고 말한다. 그 학생이 그림 2.10의 그래프에서 *X*로 표시된 지점으로 움직이도록 도와준다. 다른 학생을 불러서 (0, 0)점에 서

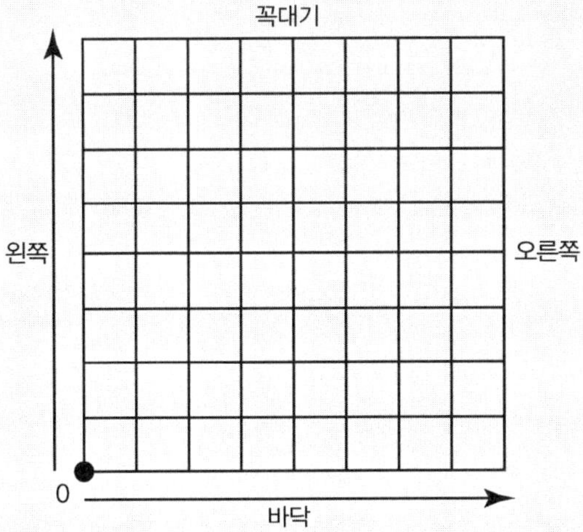

그림 2.7
방향 카드를 가지고 "넘어 지지 마" 게임을 하기 위한 바닥용 격자 매트

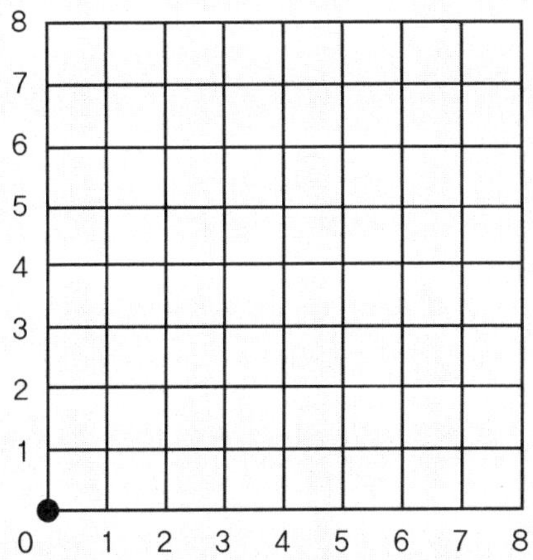

그림 2.8
좌표 카드를 가지고 "넘어 지지 마" 게임을 하기 위한 바닥용 격자 매트

게 한 다음 "위쪽으로 3(**위쪽**이라 함은 꼭대기를 향하는 방향이다)" 움직이라고 말한다. 그 학생은 그래프의 *Y*라고 표시된 지점에 서 있어야 한다. 세 번째 학생을 불러서 (0, 0)점에 서 있게 한 다음 "오른쪽으로 3" 움직이게 한 다음 "위로 5"를 가게 한다. 그 학생은 그래프의 *Z*라고 표시된 지점에 서 있어야 한다. 이러한 도입 활동을 서너 번 반복하여 모든 학생들이 놀이판 위에서 서고 움직이는 경험을 하게 한다.

탐구하기

학생들에게 왼손을 들어보게 한 다음 오른손을 들어보게 한다. 학각 발과 손에 대해 서로 다른 색깔의 밑줄이 없는 색인카드를 사용한다. 적절한 색깔의 카드에 아래와 같이 방향 또는 좌표를 나타내는 점을 쓴다.

방향 카드: 각 색깔별로 8개의 카드를 만든다.

왼손(빨강 카드)	오른손(파랑 카드)	왼발(초록 카드)	오른발(노랑 카드)
오른쪽 0	오른쪽 0	오른쪽 0	오른쪽 0
오른쪽 1	오른쪽 1	오른쪽 1	오른쪽 1
왼쪽 0	왼쪽 0	왼쪽 0	왼쪽 0
왼쪽 1	왼쪽 1	왼쪽 1	왼쪽 1
위로 1	위로 1	위로 1	위로 1
위로 2	위로 2	위로 2	위로 2
아래로 1	아래로 1	아래로 1	아래로 1
아래로 2	아래로 2	아래로 2	아래로 2

좌표 카드: 각 색깔별로 6개의 카드를 만든다.

왼손(빨강 카드)	오른손(파랑 카드)	왼발(초록 카드)	오른발(노랑 카드)
(2, 5)	(0, 2)	(2, 5)	(0, 2)
(3, 5)	(0, 5)	(3, 5)	(0, 5)
(4, 5)	(3, 5)	(4, 5)	(3, 5)
(5, 0)	(4, 5)	(5, 0)	(4, 5)
(5, 4)	(5, 6)	(5, 4)	(5, 6)
(6, 4)	(5, 7)	(6, 4)	(5, 7)

그림 2.9
방향 카드와 좌표 카드를 만들기 위한 지침

생들이 왼손과 오른손을 정확하게 알고 있는지 확인한다. 발에 대해서도 같은 방법으로 확인한다. 학생들에게 네 가지 방향 카드를 보여주고, 그 카드들은 놀이판 위에서 손과 발의 위치를 알려주는 것이라고 말한다. 4세트의 카드를 분리해서 각각 섞고 그것들을 뒤집은 상태로 놓아둔다.

"넘어지지 마!" 게임을 어떻게 하는지 설명한다. 한 학생을 불러서 (0, 0)에서 출발하여 오른쪽으로 5, 위쪽으로 5만큼 움직이게 한다. 학생이 (5, 5)에 서 있게 되면 각각의 카드 더미에서 1개의 방향 카드를 선택하여 읽어준다. 그 카드는 게임하는 사람에게 자신의 왼쪽 발, 오른쪽 발, 왼쪽 손, 오른쪽 손을 각각 어디에 두어야 하는지 알려주는 것이다. "왼쪽으로 움직이게 하는" 카드와 "아래쪽으로 움직이게 하는" 카드들을 포함시킨다. **왼쪽**은 **오른쪽**의 반대이다. 왼쪽으로 움직이는 것은 학생들을 세로축에 더욱 가깝게 움직이게 한다. **아래쪽**은 **위쪽**의 반대이다. 아래쪽으로 움직이는 것은 학생들을 가로축에 더욱 가깝게 움직이게 한다. 게임자는 넘어지지 않고 자신의 손과 발을 움직이면서 지시를 따라야 한다. 항

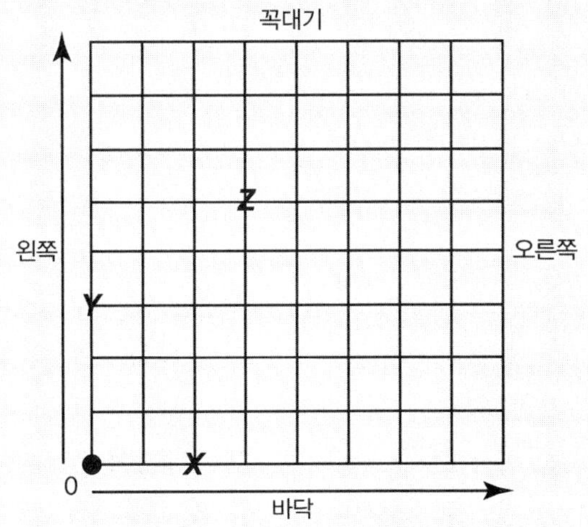

그림 2.10
게임판에 제시되는 점 *X*, *Y*, *Z*

상 게임자는 (0, 0)에서 시작해서 게임을 하기 위해 (5, 5)로 움직이게 한다. 다른 학생들이 지시 카드들을 선택해서 읽게 한다.

"오른쪽", "위쪽"과 같은 방향들은 게임하는 사람과 관련된 것이 아니라 축에 상대적인 것이라는 점을 학생들이 이해하는 것이 매우 중요하다. 이러한 개념들은 학생들에게 매우 어렵다. 격자 위에 있는 "꼭대기", "바닥", "왼쪽", "오른쪽" 같은 이름들은 학생들이 이러한 개념을 이해하도록 도와줄 것이다. 학생들이 방향 카드를 읽을 때 격자 위의 이름을 다시 보도록 상기시킨다. 실제 게임을 하기 전에 연습 시간을 갖는 것이 유용하다. 연습을 할 때 교사가 방향을 읽고 학생들로 하여금 올바른 방향으로 얼굴을 돌리게 할 수 있다. 예를 들어 만약 교사가 "위쪽"이라고 읽는다면 학생들은 얼굴을 위쪽으로 돌리고, 만약 교사가 "왼쪽"이라고 읽는다면, 학생들은 왼쪽으로 얼굴을 돌리게 된다.

확장하기

그림 2.8에 제시된 게임 격자를 사용한다. 이것은 좌표 그래프의 한 예이다. 학생들에게 좌표 카드를 보여준다. 각각의 카드는 2개의 숫자를 가지고 있다는 점을 지적한다. 카드 (2, 5)를 집는다. 학생들에게 (2, 5)는 "오른쪽으로 2, 위쪽으로 5"를 간단하게 말하는 방법이라는 점을 알려준다. "오른쪽 위 방향으로 걸어라."라고 말함으로써 학생들이 오른쪽으로 먼저 간 다음 위쪽으로 가는 것을 기억하기 쉽게 하고, 올바른 지점을 찾아갈 수 있는지 확인한다.

다른 좌표 카드를 가지고 이와 같은 연습을 반복한다. 새로운 카드와 게임판(즉, (0, 0)에서 시작하는 그래프)을 가지고 학생들이 "넘어지지 마!" 게임을 하게 한다. 만약 게임자가 넘어지지 않는다면, 1점을 획득할 수 있다. 학생들이 이 게임을 여러 번 하고 난 후, 다음과 같은 질문을 한다.

- 그래프에서 (0, 3)은 어디에 있습니까?
- 학급 친구가 그래프 위의 (4, 3)의 점을 찾게 하려면 어떻게 방향을 알려주어야 합니까?
- (5, 3)과 (3, 5)는 같은 점입니까? 왜 그렇습니까?

토론

"넘어지지 마!" 게임은 좌표 그래프를 소개한다. 학생들은 한 번에 한 명씩만 게임을 하기 때문에, 이 활동의 "도입하기"와 "탐색하기" 동안 학생들이 얼마나 잘 방향을 따라가서 지정된 위치를 찾는지 관찰할 수 있을 것이다. 어려움을 겪는 학생들은 그래프의 아래쪽을 따라서 앉게 한다. 학생들을 두 명씩 짝을 지어 활동하게 함으로써 위치를 찾을 때에 서로를 돕게 할 수 있다.

이 활동의 "탐색하기"에 묘사된 카드들과는 달리, 좌표 카드는 게임자들에게 위쪽, 아래쪽, 오른쪽 또는 왼쪽으로 움직이라는 말을 하지 않는다. 대신 게임자들은 숫자의 쌍으로 표시된 좌표 점을 확인함으로써 자신들의 손과 발을 어디에 두어야 할 것인지를 알아내야 한다. 만약 이 게임을 두 명씩 하게 한다면, 코치 역할을 하는 파트너는 게임자가 손이나 발을 움직이기 전에 놓아야 할 위치를 확인함으로써 도움을 줄 수 있을 것이다.

CHAPTER 03

변환과 대칭

학생들은 변환에 대해서 배우는데, 이는 모양의 동일성을 정의하기 위한 기본적인 도구이기 때문이다. 한 도형을 간단히 밀기, 뒤집기, 돌리기 또는 이러한 변환의 결합에 의해 다른 도형으로 변환할 수 있다면 두 모양은 합동이다. 모양의 동일성은 유클리드 기하학의 기본적 개념 중의 하나이다.

밀기, 뒤집기, 돌리기를 인식하고 적용하기

가장 기본적인 변환은 뒤집기이다. 왜냐하면 다른 변환은 뒤집기를 결합해서 얻을 수 있기 때문이다. 밀기로 얻어진 모양은 원래 모양과 같은 방향인데, 다만 다른 위치로 단순히 "민" 것이다[그림 3.1(a)]. 뒤집기는 원래 모양의 거울 이미지이기 때문에 뒤집기의 방향은 원래 모양의 반대가 된다[그림 3.1(b)]. 돌리기의 경우, 관찰자는 한 점이 고정되고 다른 모든 점들이 그 주위로 돌려진 것을 볼 수 있다[그림 3.1(c)와 그림 3.1(d)].

고학년에서는 **평행이동(translation)**, **회전이동(rotation)**, **반사(reflection)**라는 용어가 **밀기**, **뒤집기**, **돌리기**라는 용어를 대신한다. **뒤집기**라는 용어는 학생들이 사용하기에 더 쉽다고 인식됨에

그림 3.1
변환

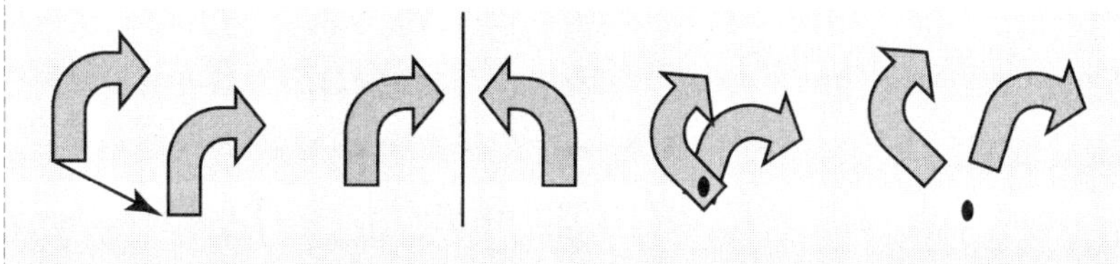

도 불구하고, 일부 학생들의 경우 뒤집기라는 용어를 **반사**라는 용어보다 더 어려워하기도 한다. Clements(2000)는 밀기가 학생들에게 가장 쉽고 그 다음이 뒤집기와 돌리기라고 말한다. 그러나 잘 격려만 한다면 돌리기와 뒤집기도 어린 학생들이 쉽게 이해할 수 있다고 보고하고 있다.

많은 컴퓨터 프로그램들은 학생들이 변환을 탐구하도록 돕는 데 적합하다. 많은 그리기 프로그램들은 사용자가 마우스로 모양을 클릭한 다음 그 모양을 마우스로 움직이게 함으로써 , 수평 또는 수직으로 모양을 밀고, 돌리고, 뒤집게 한다. 변환을 하기 전에 학생들에게 밀거나 뒤집거나 돌린 모양이 어떻게 보일지 시각화하도록 학생들에게 요구함으로써 기하적 사고를 증진시킬 수 있다. 어린 학생들은 Kid Pix Deluxe 3(The Learning Company, 2000)과 같은 애니메이션 프로그램을 즐길 수 있다. Olive(2000)는 그의 7세 아들이 Geometer's Sketchpad(Jackiw 1991)를 이용해서 변환을 성공적으로 탐색할 수 있었다는 점을 밝힌다.

'타일 디자인' 활동은 학생들이 밀기, 뒤집기, 돌리기를 탐구할 기회를 제공한다. 학생들은 타일을 이용하여 디자인을 만들고, 밀기가 뒤집기 및 돌리기와 어떻게 구별되는지 설명한다. 학생들이 한 변환과 다른 변환을 구별할 때, 모양의 속성에 주의를 기울이게 된다. 점판을 회전시키는 것은 돌리기에 초점을 맞춘다. 세 가지 변환 중에서 학생들이 수행하고 시각화하기에 가장 어려워하는 것은 모양 돌리기이다. 어린 학생들이 모양 대신에 점판을 돌림으로써 간접적으로 그 모양을 회전시킬 때, 그들은 어려운 개념에 접근할 수 있게 된다.

대칭으로 모양을 인지하고 만들기

대칭은 또 하나의 중요한 기하 개념이다. 아이들의 모양에 대한 조기 경험은 모두 대칭으로 보이는 정사각형이 아닌 직사각형, 정사각형, 원, 정삼각형에 초점이 맞추어져 있기 때문에, 많은 학생들은 모든 모양이 대칭을 이룬다고 추정한다. Clements(2000)에 따르면, 많은 학생들이 삼각형과 삼각형이 아닌 것으로 다양한 모양을 분류할 때 "꼭대기에 있는 점이 가운데에 있지 않다."는 이유로 일부 삼각형을 잘못 분류한다고 한다. 학생들은 많은 모양이 대칭이 아니라는 것을 깨닫기 위해서 좀더 깊은 경험이 필요하다. Clements에 따르면 아이들의 수직대칭(vertical symmetry)에 대한 선호는 매우 이른 나이에 발달하고, 수평 대칭보다 수직선대칭(vertical line symmetry)이 학생들이 인식하기에 더 쉽다고 한다. 비록 대칭 개념의 몇몇 양상이 훨씬 뒤에까지도 명확하게 확립되지 않을지라도 어린 학생들은 패턴 블록을 가지고 놀면서 선대칭만큼이나 회전 대칭을 종종 언급하기도 한다.

선대칭은 뒤집기와 관련되고 회전 대칭은 돌리기와 관련되어 있기 때문에, 이 장에서 대칭은 뒤집기, 밀기, 돌리기 변환의 맥락에서 고려된다. 만약 대칭축에 거울을 놓는다면, 대칭 모양의 각 변의 이미지는 다른 변에 대응된다. 만약 회전 대칭을 가진 모양을 회전의 중심에 놓고 돌린다면, 완전히 한 바퀴 돌리기 전에 원래 모양과 일치될 것이다.

'거울 괴물'과 '거울 그림' 활동은 학생들에게 선대칭을 탐구할 기회를 제공한다. '거울 그림' 활동에서는 대칭축을 제시하고 학생들이 뒤집힌 이미지를 만들게 한다. '거울 괴물' 활동에서는 지정된 효과를 만들어내기 위해 학생들이 대칭축 위치를 결정해야 한다. 후자 활동은 숫자, 특히 두 배의 개념과 연관되어 있다. 왜냐하면 어떤 짝수라도 거울 선(mirror line)을 축으로 하여 양쪽에 대칭적으로 반(halves)씩 배열될 수 있기 때문이다.

'모양 접기' 활동은 학생들로 하여금 어떤 도형은 다른 도형보다 더 많은 대칭축을 갖고 있다는 것을 이해하게 해준다. 대칭축을 찾기 위해 원을 접는 방법은 무한히 많은 반면에, 정사각형은 네 가지 방법만 있고, 정삼각형은 세 가지, 정사각형이 아닌 직사각형은 두 가지 방법이 있다.

컴퓨터 공학은 학생들이 대칭의 개념을 탐구할 수 있도록 도와줄 수 있다. 한 가지 접근 방법은 로고 컴퓨터 언어를 이용하는 것이다. 모양 만들기(Shape Up!, Arita, 1995)와 같은 다른 프로그램은 학생들이 완성할 수 있는 간단한 대칭 활동을 포함하고 있다.

학생 성취에 대한 기대

초등학교 2학년 말이 되면 학생들은 특정한 변환이 밀기인지 뒤집기인지 돌리기인지를 결정할 수 있어야 한다. 학생들은 간단한 밀기, 뒤집기, 돌리기를 수행할 수 있어야 하고 선대칭이나 회전 대칭을 가진 단순 모양들을 인식하고 만들어낼 수 있어야 한다.

거울 괴물

유아원-유치원

대칭을 가진 모양을 인식하고 만들어라.

요약

이 활동에서 아이들은 거울을 이용해서 대칭축을 탐구한다. 학생들은 특정한 효과를 만들어내기 위해서 어디에 거울을 놓을 것인지 예상하고 확인하는 데 도전한다.

학습 목표

■ 거울 반사를 탐구한다.
■ 선대칭을 가진 모양을 확인하고 만든다.

사전 지식

■ 6까지 셀 수 있는 능력

학습 자료 및 교구

103쪽

■ 개인별로 작은 직사각형 거울
■ 개인별로 한 변이 약 2센티미터인 4개의 정사각형 타일
■ 개인별로 학습 활동지 [괴물 몰리] 복사본
■ 여러 가지 색을 이용한 어린이 그림책
■ 크레용이나 다른 그리기 재료
■ 도화지

활동

도입하기

각 학생에게 거울과 3개의 정사각형 타일을 나눠준다. 학생들이 일

직선으로 타일을 놓게 한다. 반사된 것과 함께 타일이 6개가 보이도록 하기 위해 거울을 어디에 놓아야 할지 생각해보게 한다. 돌아다니면서 각 학생이 놓은 거울의 위치를 확인한다. 유사한 활동을 계속한다. 2개의 타일, 그런 다음 4개의 타일이 보이도록 거울을 사용한다. 이 과제를 쉽게 수행하는 학생들에게 1에서 6까지의 모든 수의 타일이 보이도록 만들게 한다. 4개의 타일을 가지고 과제를 계속한다. 학생들이 거울을 이용해서 1개에서 8개의 타일이 보이도록 만들게 한다.

첨부된 CD-ROM 에서 거울 도구 애플릿(Mirror Tool applet)을 보시오.

탐구하기

각 학생에게 거울과 학습 활동지 [괴물 몰리]를 나눠준다. 학생들이 거울을 이용해서 몰리 이미지를 반사하게 하고, 그 그림과 반사된 것에서 본 것을 말하게 한다. 예를 들어, 그림과 반사를 통해 눈은 한 개, 다리는 3개, 안테나는 4개 가진 몰리를 보려면 거울을 어디에 놓아야 할지 알아내게 한다.

학생들에게 학습 활동지의 아랫부분을 보게 한다. 학습 활동지 아래에 있는 각 그림이 나타나게 하기 위해서 학습 활동지 윗부분에 있는 몰리의 그림 중 어디에 거울을 놓아야 할지 알아내게 한다. 학생들이 각 그림을 만들어내기 위해 어디에 거울을 놓을지, 어떻게 결정했는지 서로 말하도록 격려한다.

확장하기

학생들에게 괴물 그림을 그린 다음, 친구들에게 해결하도록 할 거울 놓는 문제를 만들게 한다. 예를 들어, 학생들은 친구들에게 머리가 없는 괴물, 머리가 2개 달린 괴물, 3개의 팔과 3개의 다리가 달린 괴물을 보여주도록 요청할 수 있다.

토론

학생들은 거울을 어디에 놓아야 하는지 결정하는 능력 면에서 서로 다르다. 일부 학생들은 이미지를 밀거나 당기기 위해서 거울을 사용할 수도 있고, 이미지가 나올 것이라고 예상하면서 거울을 뒤집을지도 모른다. 학생들은 이미지가 거울을 관통한 것인지 보기 위해서 심지어 거울의 뒷면을 살펴볼지도 모른다. 학생들이 거울을 탐구할 시간을 충분히 주는 것이 필요하다. 자신이 만들어낸 질문 거리와 퍼즐을 조사하고 곰곰이 생각하고 다른 사람들과 의견을 나누어봄으로써, 학생들은 대칭과 반사에 관한 후속 탐구에 필요한 기초를 개발하기 시작할 것이다.

학생들에게 적합한 추가적인 과제에 대한 아이디어를 위해

Marion Walter(1970)의 ≪더 큰 웅덩이를 만들자, 더 작은 벌레를 만들자≫(Make a Bigger Puddle, Make a Smaller Worm)와 같은 그림책을 참고할 수 있다.

거울 그림

유치원-초등1학년

요약

학생들에게 패턴 블록 또는 다른 디자인과 거울 선(mirror line)을 주고 그 디자인의 "다른 편(other side)", 즉 거울 이미지(mirror image)를 만들도록 유도한다. 학생들은 자신들의 예상이 맞는지 확인하기 위해서 거울을 사용할 수 있다. 그런 다음 학생들은 다른 대칭축을 따라서 디자인을 예상하고 만든다. 확장 활동으로 학생들은 원래 디자인의 알맞은 이미지를 만들기 위해서 그 디자인 위에 거울을 놓아 주어진 모양을 맞춰 본다.

학습 목표

- 거울 반사를 탐구한다.
- 선대칭을 가진 모양을 확인하고 만든다.

사전 지식

- 변의 수와 모양에 따라 패턴 블록을 확인하기
- 여러 가지 관점에서 모양을 인식하기

변환을 적용하고 대칭을 사용하여 수학적 상황을 분석하라.

학습 자료 및 교구

- 각 학생마다 육각형 2개, 사다리꼴 1개, 삼각형 2개, 정사각형 1개, 파란색 마름모 1개, 황갈색 마름모 1개로 구성된 패턴 블록 한 세트(그림 3.2 참조). 이 책에 포함된 CD-ROM에 있는 패턴 블록 템플릿을 사용할 수 있다.
- 패턴 블록 스티커(선택사항)

그림 3.2
패턴 블록

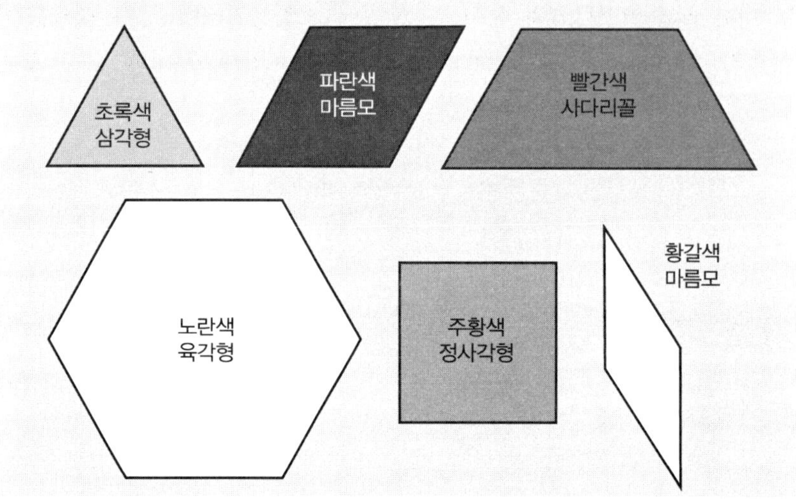

104쪽

- 각 학생마다 학습 활동지 [거울 모양] 복사본
- 각 학생마다 작은 크기의 거울

활동

도입하기

학생들을 둥글게 앉게 한다. 거울과 패턴 블록 한 세트 중 2개의 노란색 육각형과 2개의 초록색 삼각형을 각각의 학생들에게 나누어준다. 1개의 삼각형과 1개의 육각형 블록을 같이 붙여 놓되, 초록색 삼각형이 노란색 육각형 모자가 되게 만든다. 학생들이 동일한 모양을 만들게 한다. 각 학생들이 제대로 모양을 만들었는지 점검한다. 다음으로, 육각형의 바닥에 있는 변을 따라 거울을 놓고 그림 3.3의 과제 1에 제시된 방향에서 거울을 보게 한다. "너희들이 거울에서 보고 있는 모자를 쓴 육각형은 원래의 **이미지**이다."라고 말한다.

그림 3.3
육각형과 삼각형으로 만들어진 도형으로 하는 반사 과제

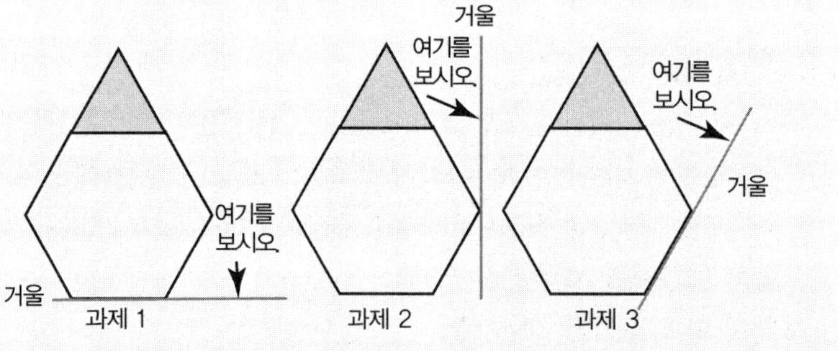

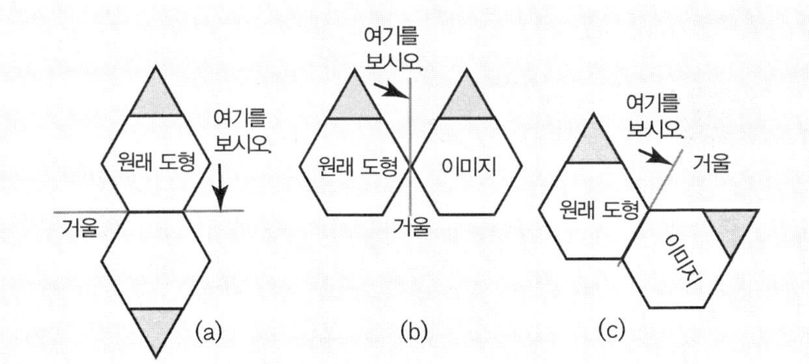

그림 3.4
그림 3.3의 탐색 결과

다음과 같은 질문을 한다. ([그림 3.4(a)를 언급한다.]

- 거울 안에 무엇이 보입니까? (삼각형과 함께 있는 육각형)
- 거울에서 보이는 이미지와 여러분이 만든 모양은 어떻게 같습니까? (똑같은 블록으로 만들어져 있습니다.)
- 거울에서 보이는 이미지와 여러분이 만든 모양은 어떻게 다릅니까? (위아래가 바뀌었습니다.)

"다른 육각형과 삼각형을 사용해서 여러분이 거울에서 보았던 것을 만들어보세요. 거울을 이용해서 여러분의 모양이 거울에서 보았던 이미지와 동일한지 확인해보세요."라고 말한다.

그림 3.3의 과제 2와 같이 다음에는 도형의 오른쪽에 거울을 놓을 것이라고 말한다. 학생들에게 거울에 보일 것이라고 생각되는 모양을 만들어보게 하고, 거울을 이용해서 제대로 만들었는지 확인하게 한다. 교사는 과제 1에서 했던 똑같은 질문을 한다. 이번 과제에서는 좌우대칭이기 때문에 거울에 비친 이미지가 원래 모양과 다르게 보이지 않을 것이다[그림 3.4(b) 참조].

학생들은 종이 자르기, 종이 접기, 거울을 사용하여 선대칭을 탐색할 수 있다. (NCTM, 2000, 100쪽)

마지막으로 그림 3.3의 과제 3과 같이 거울을 비스듬히 놓으라고 학생들에게 말한다. 학생들에게 거울에 보일 것이라고 생각되는 모양을 만들어보게 하고, 거울을 이용해서 제대로 만들었는지 확인하게 한다. 과제 1에서와 같은 질문을 한다. 이번 과제에서는 거울이 기울어져 있기 때문에 거울에 비친 상이 다른 방향으로 놓여 있다[그림 3.4(c) 참조].

탐구하기

그림 3.5에 제시된 바와 같이 하나의 노란색 육각형과 파란색 마름

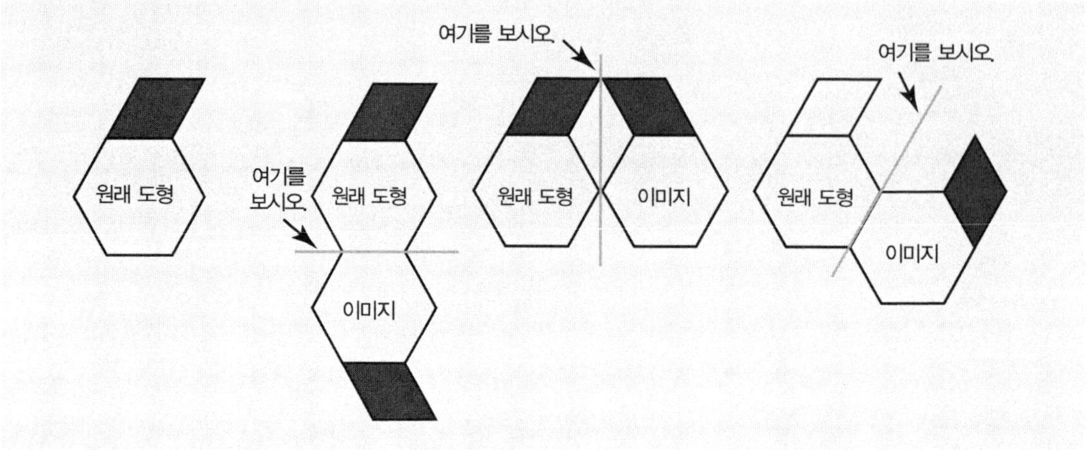

그림 3.5
노란색 육각형과 파란색 마름모로 만들어진 도형으로 하는 반사 과제

모를 이용해서 동일한 3개의 과제를 반복한다. 이 모양은 대칭축이 없기 때문에 이런 종류의 과제는 더 어렵다는 점에 주의할 필요가 있다.

다음으로 학생들이 원하는 세 가지 블록을 선택하여 모양을 만든 다음, 여러 가지 위치에서 그 모양의 변이나 가까이에 거울을 놓을 때 어떤 거울의 이미지가 나타날지 예측하게 한다. (그림 3.6은 한 예이다.) 예측하기 힘들어 하는 학생들에게는 원하는 대로 수직으로나 수평으로 거울을 놓을 수 있도록 허락한다.

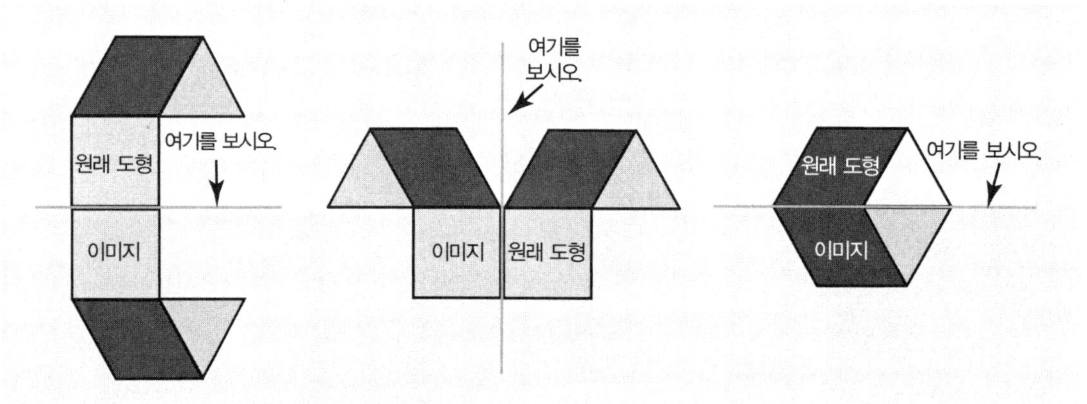

그림 3.6
3가지 블록으로 하는 반사 탐색

확장하기

각 학생에게 학습 활동지 [거울 모양] 복사본, 거울, 그리고 활동지의 마스터 모양을 만드는 데 필요한 블록들(노란색 육각형 1개, 빨간색 사다리꼴 1개, 그리고 초록색 삼각형 2개)을 나눠준다. 학생

들로 하여금 마스터 모양 주위에 거울을 움직여보면서 무엇이 보이는지 관찰하게 한다. 그런 후 모양 1~6의 각 모양을 만들 수 있도록 마스터 모양 위에 거울을 놓게 시킨다. 부록의 해답에 거울의 적절한 위치를 제시하고 있다

학생들이 학습 활동지를 할 때, 어떤 블록이 "감추어졌는지" 결정하는 것과 그러한 결정을 통해 어떻게 거울의 위치를 정하도록 도움을 얻게 되는지 관찰하라. 예를 들어, 모양 1에서 빨간색은 보이지 않는다. 따라서 빨간색 사다리꼴이 가려지고, 그 사다리꼴 위의 삼각형도 역시 감추어지도록 거울을 놓아야 한다.

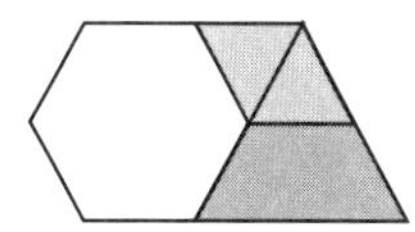

마스터 모양

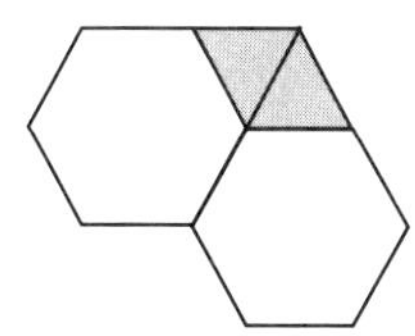

모양 1

토론

많은 어린 학생들이 대칭에 대한 좋은 직관을 가지고 있고 이와 같은 과제를 잘 해결한다. 이 과제를 통해서 개발되는 더 중요한 개념 중의 하나는 거울의 이동을 통해 완전히 다른 이미지를 만들어 낼 수 있다는 것이다.

패턴 블록 스티커는 학생들이 이미지 구상을 할 수 있도록 도와줄 수 있다. 또한 모양 만들기(Shape up, Arita, 1995)와 같은 컴퓨터용 그림 패키지나 다른 기하 소프트웨어를 사용하여 학생들에게 수평적인 거울의 이미지와 수직적인 거울의 이미지를 만들 수 있는 기회를 제공할 수 있다.

모양 접기

1-2학년

대칭을 가진 모양을 인식하고 만들어라.

요약

학생들은 거울 또는 미라(Mira), 그리고 종이 접기를 통해 친숙한 모양의 선대칭을 탐색한다.

학습 목표

- 정사각형, 정사각형이 아닌 직사각형, 삼각형, 오각형, 육각형, 그리고 원에 있는 선대칭을 확인한다.
- 합동이 되는 모양을 확인한다.

사전 지식

- 여러 가지 방향에서 정사각형, 직사각형, 삼각형, 그리고 원을 알고 이름 말하기

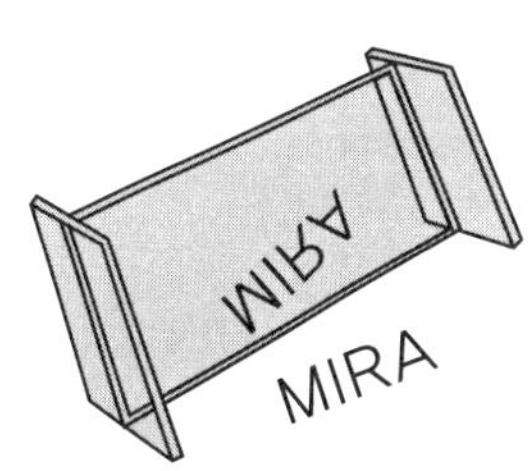

미라는 반투명 색깔의 플라스틱으로 만든 기하 도구이다. 이 도구를 통해 학생들은 미라의 한쪽 면에 있는 대상의 반사를 볼 수 있고(거울처럼), 플라스틱을 관통하여 볼 수 있어서 다른 면에 이미지를 따라 그릴 수 있다.

■ 모양의 절반을 알기
■ 색을 확인하기

학습 자료 및 교구

■ 각 학생별로 큰 원, 정사각형, 정사각형이 아닌 직사각형, 정삼각형, 이등변삼각형, 정오각형, 그리고 육각형 모양의 종이. 원의 지름은 약 10센티미터이어야 하고 각 다각형의 크기는 비슷해야 한다.
■ 모둠별로 책상 위에 여러 가지 색의 크레용 박스
■ 최소한 10센티미터×15센티미터 크기의 직사각형 모양 거울 또는 미라 4개에서 6개

활동

정삼각형
모든 변이 합동(동일한 길이)이다.

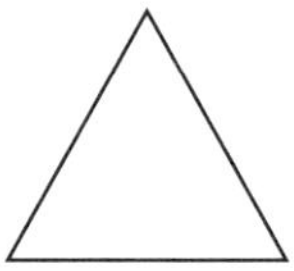

이등변삼각형
적어도 두 변이 합동이다.

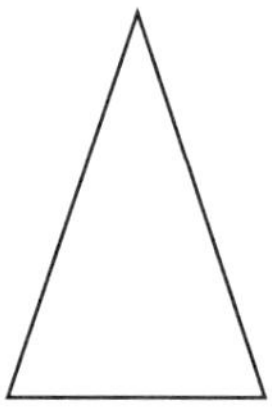

이 활동은 학생들을 책상에 앉아 수행하게 할 때 가장 잘 된다. 크레용을 책상의 중앙에 놓아라.

도입하기

각 학생에게 정사각형을 나눠준다. 학생들에게 정사각형을 반으로 접은 다음 펼쳐서 접힌 선을 가리키게 한다. “접힌 선의 다른 이름은 **대칭축(line of symmetry)**입니다. 이 선을 기준으로 한쪽 면에 있는 것은 선의 다른 쪽에 있는 것의 복사본(또는 거울의 이미지)입니다.”라고 말한다. 이 설명이 옳은 것임을 학생들이 확인할 수 있도록 각 학생에게 접힌 선 위에 거울이나 미라를 놓고 한쪽 면이 다른 쪽의 거울의 이미지가 되는지 확인하게 한다. 접힌 선을 크레용으로 칠하게 한다. 학생들을 지명하여 자신들이 한 것을 학급 전체에 보여주게 한다. 정사각형은 하나 이상의 대칭축이 있다는 사실에 주목하게 한다. 학생들이 정사각형에서 다른 대칭축을 찾을

그림 3.7
정사각형의 4개의 대칭축

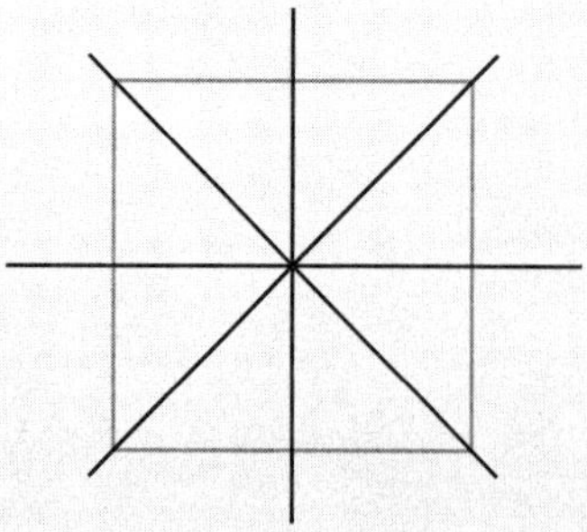

주의: 미라 앞에 있는 것이 정확히 미라 뒤에 있는 것을 반사하도록 미라를 놓는다면, 미라는 대칭축 위에 있게 되고, 미라의 가장자리를 따라 그리면 대칭축을 그리게 되는 것이다.

수 있도록 격려하고, 다른 색의 크레용을 사용해서 각 대칭축을 색칠하게 한다. 정사각형은 그림 3.7과 같이 4개의 대칭축을 가진다.

탐구하기

학생들이 대칭축을 확인하는 데 사용할 수 있도록 각각의 탁자 위에 거울이나 미라를 놓는다. 각 학생에게 정삼각형, 정오각형, 그리고 정육각형을 나눠준다. 만약 학생들이 오각형과 육각형의 이름을 모른다면 그 모양의 이름들을 다함께 말하게 한다. 학생들을 지명하여 각 도형의 변의 개수를 확인하게 한다. 정삼각형의 세 변의 길이가 같다는 것, 정오각형의 다섯 변의 길이가 같다는 것, 정육각형의 여섯 변의 길이가 같다는 사실에 학생들이 주의를 기울이게 한다. 학생들이 각 모양에 대해서 대칭축을 찾아서 색칠하고 확인하게 한다(그림 3.8 참조).

그림 3.8
정다각형 3개의 대칭축

정다각형은 모든 변의 길이와 모든 각의 크기가 합동인 도형이다. 각 꼭짓점에서 반대쪽 꼭짓점을 연결하거나 대변(opposite side)의 중점을 연결하는 대칭축이 있음을 주목하여라.

학생들이 일단 대칭축을 찾은 다음에는 같은 책상에 앉아 있는 다른 학생들과 그 찾은 것을 확인하게 한다. 찾은 것을 포스터나 칠판에 도표로 기록하게 한다.

학생들은 대칭축의 개수는 자신들이 조사한 정다각형의 변의 개수와 같다는 것을 관찰하게 될 것이다. 이것이 모든 모양에 대해서도 참인지 확인하도록 각 학생에게 정사각형이 아닌 직사각형과 정삼각형이 아닌 이등변삼각형을 나눠준다. 정사각형이 아닌 직사각형은 오직 2개의 대칭축을 가지고, 정삼각형이 아닌 이등변삼각형은 오직 하나의 대칭축을 가진다. (만약 이등변삼각형이 또한 정삼각형이라면 3개의 대칭축을 가진다.)

이 2개의 도형에 관한 자료를 차트에 추가한다(그림 3.9 참조).

그림 3.9
몇 개 다각형의 대칭축의 개수를 보여주는 차트

모양	대칭축의 개수
정삼각형	3
정사각형	4
정오각형	5
정육각형	6
정사각형이 아닌 직사각형	2
정삼각형이 아닌 이등변삼각형	1

"도형의 변의 수를 세서 대칭축의 수라고 말할 수 있습니까? 설명해보세요."라고 묻는다.

확장하기

반 전체 학생들에게 원을 조사하게 한다. 큰 원을 든다. 한 학생을 불러서 먼저 접어서 대칭축을 찾고 그 선을 색칠하게 한다. 다른 학생을 지명하여 다른 대칭축을 찾고 그것을 색칠하게 한다. 모든 학생들이 대칭축을 찾고 다른 색으로 대칭축을 색칠할 때까지 동일한 과정을 반복한다. 대칭축의 개수를 말해보게 한다. 다음의 질문을 한다.

- 원은 삼각형보다 많은 대칭축을 가집니까? (예) 정사각형보다? (예) 오각형보다? (예) 육각형보다? (예)
- 원은 이 반 학생들의 수보다 더 많은 대칭축을 가지고 있다고 생각합니까? (예) 왜 그렇습니까?
- 원에는 얼마나 많은 대칭축이 있다고 생각합니까? 왜 그렇게 생각합니까?

토론

'모양 접기' 활동은 다양한 기하 모양의 대칭을 탐구함으로써 선대칭의 개념을 학생들에게 소개한다. 미술 프로그램을 통해 학생들은 종이로 눈송이, 나무 또는 하트 모양을 접고 자르는 활동을 하는 동안 선대칭에 대한 비형식적인 경험을 했을 수도 있다. 이러한 활동들을 상기시키면서 어떻게 도형 접기와 관련되는지 말해본다.

이 활동은 과학(얼굴, 사람 몸, 나비의 선대칭)과 건축(블록 구성, 건물, 조각상의 선대칭)과 연결지을 수 있는 기회를 제공한다. 학생들은 또한 예를 들어 티셔츠와 바지 같은 옷에서 선대칭을 찾을 수도 있고 집게나 포크와 같은 주방용품에서 선대칭을 찾을 수도 있다.

대칭에 관한 아이디어를 개발하는 것 이외에 도형 접기는 학생들로 하여금 일반화를 하고 그 일반화를 충족하지 않은 예를 찾고 다루는 중요한 추론 과정에 참여하게 한다. 이러한 반례를 기초로 하여 학생들은 자신들의 일반화를 수정하여야 한다. 그러한 수정은 학생들이 도형의 대칭축의 개수는 도형의 변의 개수와 같다고 일반화한 후, 이 일반화가 적용되지 않는 도형을 발견할 때 일어난다.

타일 디자인

1-2학년

요약

학생들은 하나의 기본 모양을 밀기, 뒤집기 또는 돌리기를 하여 모양을 만든다.

학습목표

- 밀기, 뒤집기, 돌리기의 결과를 인식, 묘사, 그리고 예상한다.
- 밀기, 뒤집기, 돌리기를 이용하여 모양을 만든다.
- 공간적 시각화 기술을 개발한다.

밀기, 뒤집기, 돌리기를 인식하고 적용하라.

사전 지식

- 특정 모양을 변환(밀기, 뒤집기, 돌리기)하기
- 원, 정사각형, 삼각형, 그리고 직사각형 인식하기

학습 자료 및 교구

- 실물화상기
- 학습 활동지 [이것은 어떤 움직임입니까?]에 대한 투명 복사본
- 각 학생별로 [이것은 어떤 움직임입니까?] 복사본
- 각 학생별로 [이것은 어떤 움직임입니까?]에 있는 타일 구성의 투명 복사본
- 각 학생별로 학습 활동지 [디자인 만들기] 복사본
- 크레용
- 밀기, 뒤집기, 돌리기를 반복하여 구성된 물품(담요, 바구니, 벽지, 양탄자)이나 그러한 물품의 사진(선택사항)
- 각 학생별로 자리 매트에 적합한 큰 종이
- 헤어 스프레이 또는 합판 플라스틱(선택사항)

105, 106쪽

활동

도입하기

실물화상기에 [이것은 어떤 움직임입니까?]의 투명지를 띄운다. 각 학생에게 [이것은 어떤 움직임입니까?] 복사본 한 장과 투명한 타일 디자인을 준다. 투명지 위에 움직임 1(밀기는 학생들이 알아보기 가장 쉬운 변환이다.)을 가리킨다. 학생들에게 "시작"에서 "끝"까지 어떤 움직임을 통해서 타일 디자인이 되었는지 물어본다. 학생들이 제안한 밀기, 뒤집기 또는 돌리기를 투명지 위에서 수행할 수 있도록 안내한다. 만약 변환의 결과가 의도한 도형을 만들어내지 않는다면, 학생들에게 어떻게 도형이 같은지 그리고 어떻게 다른지 물어본다. 그런 다음 동일한 모양이 만들어질 때까지 추가적인 변형을 시험해볼 수 있다. (두 번 뒤집기로 이 모양을 만들 수 있음에 주의한다.) 다른 5가지 움직임에 대해서도 각각 이러한 연습을 반복한다. 부록의 해답 부분에서 답을 찾을 수 있다.

탐구하기

이용할 수 있다면 학생들에게 밀기, 뒤집기, 돌리기를 반복하여 만들어진 디자인을 가진 물건을 보여준다. 학생들에게 본 것을 묘사하게 한다. 이러한 단순한 변환으로부터 많은 디자인을 만들 수 있다는 것과 학생들이 자신들만의 디자인들을 창조할 기회를 가질 것이라고 설명한다.

각 학생에게 [디자인 만들기] 복사본을 나누어준다. 예제를 가리키면서 주어진 타일 디자인으로부터 어떤 변환을 통해서 이러한 디자인을 만들어낼 수 있는지 논의한다. (4개의 정사각형 패턴에서 첫 번째 정사각형은 원래 정사각형과 같은 방향이므로 밀기를 이용해서 만들어낼 수 있다. 두 번째 정사각형은 원래 모양을 수직 방향으로 뒤집은 것이다. 세 번째 정사각형은 원래 모양을 오른쪽으로 돌린 후 밀어서 만들어낼 수 있다. 네 번째 정사각형은 세 번째 정사각형을 수직 방향으로 뒤집거나, 두 번째 정사각형을 수평 방향으로 뒤집은 후 밀어서 만들 수 있다.)

학생들이 활동지를 완성하게 한다. 학생들이 과제를 끝냈을 때 자신들의 디자인에 대해 서로 나누어볼 수 있는 시간을 반드시 준다. 학생들을 지명하여 자신들의 디자인을 만들기 위해서 어떤 변환을 사용했는지 설명하게 한다. 부록의 해답 부분에 주어진 타일 디자인으로부터 학생들이 만들 수 있는 디자인의 예들을 찾을 수 있다.

확장하기

일부 학생들은 아마 타일 디자인의 변환을 통해 더 큰 디자인을 만들기 원할지도 모른다. 교사는 이 활동을 미술 시간과 결합하여 학생들로 하여금 자신들의 디자인으로부터 자리 매트(place mats)를 만들게 할 수 있다. 합판이나 헤어 스프레이를 이용하여 완성된 디자인을 보호할 수 있다.

토론

이 활동은 학생들이 기하적 변환의 결과를 시각화하게 한다. 공간 시각화 기능은 모양에 대한 학생들의 기하적 직관과 자신들의 주변에 대한 기하 감각 발달에 필수적이다. 일부 학생들은 학교 밖의 공간 관계를 탐구할 많은 기회를 가진다. 다른 학생들은 아마 공간적 사고를 촉진하는 오락, 취미 또는 장난감을 가지고 노는 것에 참여하지 못할 수도 있다. 학생들의 학교 교육을 통해 풍부한 경험을 지속함으로써 공간 감각을 개발할 수 있다. 학생들이 2차원 도형에서 변환의 결과를 잘 예상하게 되면, 3차원 도형의 움직임도 고려할 수 있다.

이 활동에서 기하와 미술의 연결이 강조된다. 교사는 아마 학생들에게 자신들의 작품에 기하적 변환을 이용한 예술가들, 예를 들어 M. C. Escher, Piet Mondrian, Norman Dilworth, 그리고 Max Bill의 작품을 제시할 수도 있다. 더욱 복잡한 디자인을 만들기 위해서 일부 학생들은 아마도 컴퓨터의 그리기 프로그램을 이용하여 자신들의 창조물을 완성할 수도 있다.

지오보드 돌리기

2학년

요약

학생들은 지오보드에 도형을 만들고, 그 모양을 반의 반 바퀴 또는 반 바퀴 돌렸을 때 어떤 도형이 만들어질지 예상하며, 그러한 예상이 옳은지 확인하기 위해서 지오보드를 돌리는 가운데, 회전 대칭에 대한 개념을 탐구한다.

밀기, 뒤집기, 돌리기를 인식하고 적용하라.

학습 목표

- 회전 대칭을 인식한다.
- 90°, 180°, 270° 돌리기를 확인한다.
- 변환을 사용해서 수학적 상황을 분석한다.

사전 지식

변환에 대한 탐구는 공간 학습의 중요한 부분이다. 이를 통해 학생들은 움직임을 인식하게 되고, 도형의 크기나 모양은 변화시키지 않으면서 그 위치나 방향을 변화시킨 결과를 예측하도록 도울 수 있다. (NCTM, 2000, 99쪽)

- 오른쪽 방향(시계 방향)과 왼쪽 방향(반시계 방향)을 이해하기
- 직사각형 지오보드 위에 도형 복사하기

학습 자료 및 교구

- 각 학생별로 가로 5칸 세로 5칸의 투명한 플라스틱 기하판 2개
- 각 학생별로 고무밴드
- 실물화상기

활동

그림 3.10
지오보드 위의 직사각형

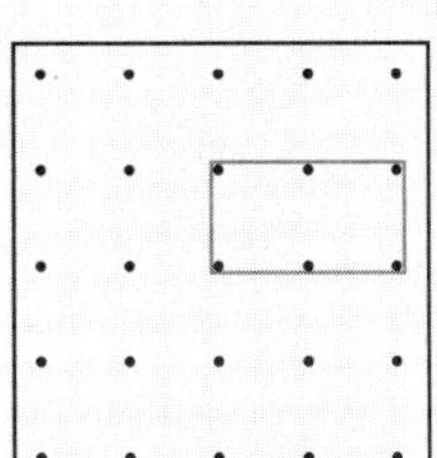

도입하기

지오보드에 직사각형을 만들고(그림 3.10 참조) 이것을 실물화상기에 띄운다. 학생들에게 동일한 핀을 꼭짓점으로 사용하여 자신들의 지오보드에 이 직사각형을 그대로 만들게 한다. 학생들이 만든 것을 확인하기 위해 교실을 돌아다닌다.

지오보드에 또 다른 도형을 만든다. 학생들에게 10초에서 15초 동안 그 도형을 보여주겠다고 말한다. 그런 다음 학생들이 자신들

의 지오보드에 이 도형을 만들어야 한다. 학생들이 교사의 도형을 따라 만들게 한 후, 학생들을 불러 자신들의 지오보드를 실물화상기에 가지고 오게 한 다음 교사의 디자인을 똑같이 따라 만들었는지 확인하기 위해 학생들의 지오보드를 교사의 지오보드 위에 겹쳐 올려놓는다.

탐구하기

학생들에게 5개의 변을 가진 모양을 보여준다. 교사는 지오보드를 돌리면서 그 모양을 90°, 180°, 270° 돌릴 때 어떤 모양이 되는지 학생들이 볼 수 있게 한다. 교사의 지오보드에 정사각형이 아닌 직사각형을 만들고 학생들에게 보여준다. 학생들에게 교사의 지오보드를 90° 돌렸을 때 어떤 직사각형이 만들어질 것인지 자신들의 지오보드에 나타내보게 한다. 학생들이 참고하도록 교사의 지오보드는 실물화상기 위에 그대로 띄워놓는다. 학생들이 마치면, 일부 학생들을 불러서 전체 학생들에게 회전된 직사각형을 보여주게 한다. 다른 학생들이 자신들이 만든 것을 점검할 수 있도록 교사의 지오보드를 돌린다. 자신들의 모양을 어떻게 만든 것인지 그 방법을 학생들끼리 이야기해보게 한다.

다른 지오보드 모양을 이용해서 같은 과정을 반복한다. 그러고 나서 180°, 270° 돌리기도 탐구한다. 교사는 또한 오른쪽(시계 방향) 회전과 왼쪽(반시계 방향) 회전을 비교하기를 원할 수도 있다. "오른쪽 방향(시계 방향)으로 180° 회전한 것과 왼쪽 방향(반시계 방향)으로 180° 회전한 것을 비교하면 어떨까요?", "오른쪽 방향(시계 방향)으로 90° 회전한 것과 왼쪽 방향(반시계 방향)으로 270° 회전한 것을 비교하면 어떨까요?"라고 질문한다.

학생들이 어떻게 돌려 직사각형을 만들었는지 말할 때, 일부 학생들은 "직사각형의 긴 변이 가로지르는(across) 형태(또는 위와 아래로) 대신에 위와 아래로(또는 가로질러) 가게 했다."는 것을 알아차릴 수 있다.

확장하기

학생들에게 회전 대칭, 즉 90°나 180° 돌리면 같아지는 디자인을 가진 모양을 지오보드에 만들게 한다. 학생들이 만든 모양이 정확한지 확인하기 위해서 학생들에게 투명한 지오보드 2개 위에 똑같은 모양 2개를 만들게 한다. 실물화상기에 2개의 지오보드를 띄우되, 서로 일치하는지 보기 위해 하나를 다른 하나 위에 겹쳐 놓는다. 90°나 180° 돌린 후에도 여전히 그 모양이 일치하는지 보기 위해 위의 지오보드를 회전시켜본다.

CD-ROM에 있는 2개의 지오보드 애플릿을 보시오.

몇몇 학생들은 아마 90° 회전 대칭을 갖는 모든 모양이 180°와 270° 회전 대칭을 갖는지(그렇다), 또는 180° 회전 대칭을 갖는 모든 모양이 90° 회전 대칭을 갖는지(모두 그렇지는 않다) 조사하기를 원할 수도 있다. 학생들에게 180° 회전 대칭은 되지만 90° 회전 대칭은 되지 않는 모양을 만들어 보도록 격려한다.

토론

모양을 돌렸을 때 어떻게 보일 것인지 예측하기 위해서는 학생들이 자신들의 관점을 머릿속에서 변화시켜보아야 하는데, 이는 많은 학생들에게 어렵다. 이러한 기술은 본 활동에서 학생들로 하여금 지오보드 전체를 돌려보게 함으로써 개발된다. 즉, 학생들은 정확히 그 모양 자체를 건드리지 않고 회전된 모양이 어떨 것인지 알 수 있다. 2개의 투명한 지오보드를 사용함으로써 학생들은 회전에 대한 실험을 하고 대칭과 회전이라는 아이디어를 연결하게 된다.

학생들이 회전의 효과를 관찰할 수 있는 재미있고 매력적인 아동용 도서는 ≪돌리고 생각하고 보는 책≫(The Turn About, Think About, Look About Book, Gardner 1984)이다.

CHAPTER 04

시각화, 공간 추론 그리고 모델링

시각화는 하나의 이미지 또는 일련의 관련된 이미지를 구성하는 학생들의 능력을 말하는데, 여기서 이미지는 대상에 관한 것이거나 일련의 방향에 대한 것이다. 때때로 시각화는, 예를 들어 옆에서 보는 것 대신에 위에서 보는 것과 같이 한 물체를 다른 관점에서 볼 때 어떻게 보일 것인지를 예상하는 것과 관련된다. 다른 경우에, 시각화는 한 물체를 돌리거나 회전시키면 어떻게 보일지, 또는 물체의 그림자가 어떻게 보일지에 대해 예상하는 것을 포함한다. 또 다른 경우에, 학생들은 한 위치에서 다른 위치로 이동하게 하는 길을 시각화하거나, 주어진 관점에서 특정한 대상을 보기 위해서는 어디에 서 있어야 할지를 결정하는 것이다. 시각적 기억, 즉 모양이 어떻게 보였는지 또는 모양이나 배열이 어떻게 바뀌었는지 회상하는 능력은 심적 이미지를 조작하는 능력에 필수적이며 공간 감각의 중요한 부분이다(Clements, 1999).

시각화는 대개 기하 맥락에서 고려되지만, 수학의 다른 많은 영역에서도 시각화와 공간 추론이 중요하다. 예를 들어, 도미노를 이용하는 학생들은 특정 크기를 빨리 인식하는 경험을 하게 된다. 이와 유사하게, 예를 들어 왼쪽에 2개의 산가지가 있고 오른쪽에 3개의 산가지가 있는 것을 다른 쪽에서 보면, 왼쪽에 3개의 산가지가 있고 오른쪽에 2개의 산가지가 있는 것으로 시각화할 수 있는 학생은 더 쉽게 덧셈의 교환 성질을 이해할 수 있게 된다. "모든 학년에서 공간 능력과 수학적 성취도 간의 양의 상관관계가 발견된다. … 수학에는 명확한 시각적 차원을 갖는 개념이 많이 존재하기 때문에 이와 같은 관계가 왜 존재하는지 이해하는 것은 어렵지 않다."(Clements & Battista, 1992, 443쪽)

학생들이 한 대상을 여러 가지 다른 시각에서 상상하는 능력을 개발하기 위해서는 시간과 경험이 필요하다. 학생들이 원기둥을 위에서 보면 원을 보게 되고 아래쪽에서 보아도 원을 보게 된다. 그러나 옆에서 원기둥을 보면 직사각형처럼 보인다. 학생들은 큐브(cubes)를 연결해서 간단한 작은 구조물을 만들고 네 개의 다른 측면에서, 그리고 위 또는 아래에서 어떻게 보이는지 설명하거나 그릴 수 있을 것이다. '블록 보기' 활동은 학생들이 이러한 관점을 상상하도록 돕는다.

'실물화상기 수학' 활동은 학생들에게 시각적 기억을 발달시킬 기회를 제공한다. 학생들은 한 대상이나 배열을 잠깐 본 후에 그것이 어떻게 바뀌었는지 변화의 전과 후를 설명하게 된다. 학생들은 한 물체를 잠시 본 다음, 여러 가지 가능한 물체들 중에서 자신들이 본 것이 무엇인지 선택할 수 있다. 학생들은 한 물체를 보고 그것의 속성들을 간단히 묘사할 수 있다.

'자르기' 활동에서 학생들은 접은 종이의 일부분을 자르고 이것을 펼쳤을 때 어떤 모양이 될 것인지 예상하는 기회를 갖는다. 주어진 펼쳐진 모양을 만들어내기 위해서 접은 종이를 어떻게 잘라야 할지 학생들은 그 모양을 머릿속으로 잘라보고 펼쳐봐야 한다.

'틀' 활동에서 학생들은 모양의 모서리와 꼭짓점에 집중하면서 3차원 모양을 모델링하게 된다. 학생들은 종종 입체도형의 면에 집중하게 되기 때문에 이 활동을 통해 학생들의 시각화 기술을 확대할 수 있다.

주변 환경의 모양

교사들은 학생들이 자신들의 주변 환경 속에서 모양을 관찰해보도록 격려하기 위해 많은 자원을 이용할 수 있다. '실물화상기 수학' 활동에서는 학생들에게 자신들의 주변 환경에서 간단한 3차원 모양들의 예를 찾아보도록 제안한다. Tana Hoban(1973, 1986)이 쓴 책과 같은 아동용 그림책은 특히 아이들에게 매력적이다. 교사들은 2차원 도형과 3차원 도형 둘 다를 고려하는 자원을 제공해야 한다.

학생 성취에 대한 기대

초등학교 2학년이 끝날 즈음, 학생들은 여러 가지 다른 관점에서 간단한 3차원 구조에 대한 이미지를 인식할 수 있어야 하고, 단순한 지도를 만들고 해석할 수 있어야 하며, 간단한 길을 찾고, 간단히 접힌 모양의 일부를 잘라 펼친 결과를 예상할 수 있어야 한다. 학생들은 또한 잠시 본 2차원 모양과 3차원 모양을 묘사할 수 있어야 하고, 주변 환경에서 그와 같은 모양들을 인식할 수 있어야 하며, 모양의 배열에서 변화를 인식할 수 있어야 한다.

블록 보기

유아원-유치원

요약

학생들에게 한 개 또는 그 이상의 간단한 블록을 준 다음에 그 그림에 맞는 구조물을 만들게 한다.

학습 목표

- 2차원의 그림을 보고 3차원의 대상을 확인할 수 있다.
- 그림을 보고 블록의 위치 간의 관계를 확인하고 블록을 이용하여 그러한 관계를 재구성할 수 있다.

여러 가지 관점에서 모양을 인식하고 표현하라.

사전 지식

- 정삼각기둥의 면을 세고 이름 말하기(삼각형 2개와 직사각형 3개), 정사각기둥의 면을 세고 이름 말하기(정사각형이 아닌 6개의 직사각형 또는 2개의 정사각형과 정사각형이 아닌 4개의 직사각형), 정육면체의 면을 세고 이름 말하기(정사각형 6개)
- 위치를 나타내는 어휘 사용하기: **바로 위, 바로 밑, 사이, 다음, 앞쪽, 뒤쪽**

학습 자료 및 교구

107, 108, 109쪽

- 각 모둠별로 적어도 45개의 작은 정육면체, 10개의 큰 정육면체, 2개의 긴 직사각기둥과 3개의 짧은 직사각기둥, 7개의 원기둥, 2개의 정삼각기둥, 4개의 직삼각기둥 블록
- 각 학생별로 학습 활동지 [A와 B 블록 보기], [C와 D 블록 보기], [조감도] 복사본

활동

도입하기

각 유형별로 블록을 보여주면서 학생들에게 면의 개수를 세게 하고, 각 면의 모양을 말하게 한다. 만일 학생들이 블록의 이름을 알지 못한다면 전체 학생들이 교사와 함께 그 이름을 말하게 한다. 학생들이 일 년 내내 참고할 수 있도록 블록의 이름과 함께 각 유형별로 블록을 전시해놓아도 좋을 것이다. 비록 많은 학생들이 그 이름을 읽지 못할지라도 블록의 이름을 출력해놓거나 대화 중에 지속적으로 사용하는 것은 이 시기에 중요하다. 학생들을 지명하여 다음과 같은 속성을 가진 블록을 찾아보게 한다.

- 몇 개의 면은 정사각형이다. (정육면체, 정육면체가 아닌 일부 직사각기둥)
- 몇 개의 면은 직사각형이다. (정육면체, 정육면체가 아닌 직사각기둥, 정삼각기둥) (주의: 정사각형은 직사각형의 특수한 형태이다.)
- 모든 면이 정사각형이다. (정육면체)
- 모든 면이 직사각형이다. (정육면체, 정육면체가 아닌 직사각기둥)

몇 개의 블록으로 간단한 모양을 만든 후, 학생들이 그 모양을 따라 만들게 한다. 어떻게 하면 똑같이 만들 수 있을지 학생들이 사용한 단서에 대해서 토론한다.

탐구하기

학생들에게 [A와 B 블록 보기]에 나와 있는 A를 보여준다. 학생들에게 블록으로 이와 같이 만들어야 한다는 점을 말한다. 한 학생을 지명하여 이와 같은 모양을 만들 때 필요한 블록의 개수를 알아보

게 하고, 다른 학생으로 하여금 모양 A를 만들도록 한다. 그런 다음 나머지 학생들에게 만든 것과 그림에 나와 있는 모양을 비교하게 한다. 블록들이 제대로 위치해 있는지, 그림과 일치하는지 확인한다.

4명이 한 모둠이 되도록 앉힌 후에 각 학생에게 [A와 B 블록 보기] 복사본을 나눠준다. 각 학생에게 모양 A와 B를 만들게 한다. 돌아다니며 어려움을 겪고 있는 학생들이 있는지, 즉 잘못된 블록으로 만들었는지, 블록의 개수가 모자라는지, 블록을 잘못된 위치에 놓았는지 확인한다. 이러한 오류가 발견되면 학생들에게 필요한 블록의 개수를 세어보게 하고, 그 블록들이 동일한 모양인지 확인해보게 하며, 다른 블록의 **위**, **옆**, **사이** 또는 **아래**에 있는 블록을 지적해보게 한다. 일부 학생들은 모양을 만들기 전에 모든 필요한 블록을 모아 놓고 시작할 수도 있고, 다른 학생들은 필요할 때마다 블록을 선택해서 사용할 수도 있다. 어느 방법이든 괜찮다.

학생들이 모양 B를 다 완성하면 [C와 D 블록 보기]를 주고 모양 C와 D를 만들게 한다. 모양 A와 B와는 달리 C와 D를 만들기 위해 필요한 모든 블록들이 보이는 것은 아니다. 이러한 이유 때문에 모양 C와 D는 A와 B보다 훨씬 더 복잡하다.

A

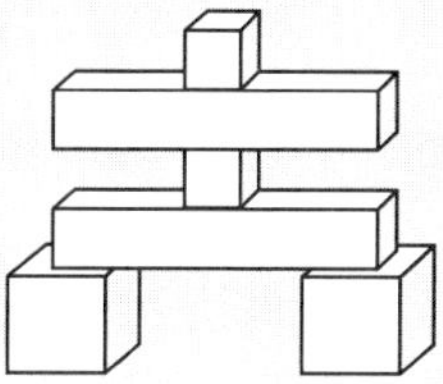

B

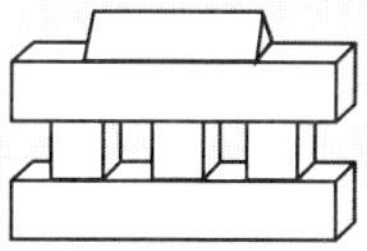

C

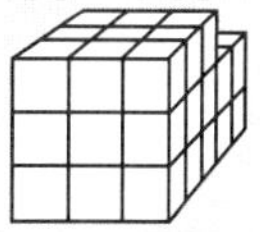

D

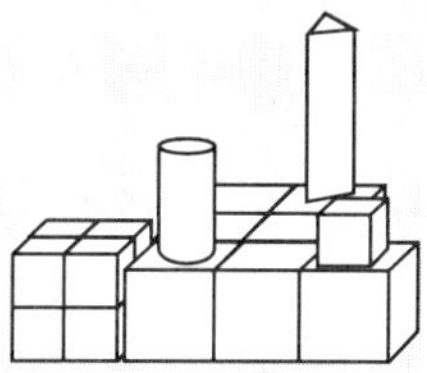

확장하기

[조감도]는 4개의 블록 모양을 위에서 바라본 모양을 나타낸다. 위에서 바라보면 주어진 그림과 같아지도록 학생들은 모양을 만들기 위해서 블록을 사용해야 한다. 각각 서로의 모양을 점검할 수 있도록 2인 1조가 되어 조감도를 이용한 모양을 만들게 해도 좋다.

[조감도]에는 깊이에 대한 단서가 없다는 것에 주의해야 한다. 따라서 블록이 서로 다른 높이에 있을 수 있다. 이런 이유로 각각의 모양을 만들기 위해서 한 세트 이상의 블록을 사용할 수 있다. 예를 들어, 관점 1에 제시된 작은 정사각형은 정육면체의 면이 될 수도 있고, 정육면체가 아닌 직사각기둥의 면이 될 수도 있으며, 그러한 각기둥은 또한 다른 높이를 가지고 있을 수도 있다. 그러나 모든 정사각형 면들은 서로 합동이어야 한다. 학생들이 만든 모양에 대해서 말하게 하고 모양들 간의 차이점을 묘사하게 한다.

토론

'블록 보기' 활동은 학생들이 여러 가지 관점에서 블록과 모양을 볼 수 있는 능력과 블록들의 위치 간의 관계를 확인하는 능력을 길러준다. 상대적인 위치를 묘사함으로써 학생들은 공간을 나타내는 용어를 정확히 사용하는 능력을 발달시킬 수 있다. 학생들은 또한 블록의 각 면의 모양을 인식하게 된다. 가장 중요한 것은 학생들이 3차원 모양들과 그러한 모양들로부터 만들어진 구성물의 2차원적 표현에 점점 친근해진다는 것이다.

실물화상기 수학

1-2학년

요약

학생들은 실물화상기에 제시된 모양을 보고 자신들이 본 것을 회상해야 한다.

학습목표

공간 기억과 공간적 시각화를 이용하여 기하 모양에 대한 심적 이미지를 만들고, 주변 환경에서 기하 모양과 구조를 인식하며 그것들의 위치를 상세히 기술하라.

- 주변에 있는 기하 모양을 인지한다.
- 주어진 이미지에서 3차원 모양을 확인한다.

사전 지식

- 원, 직각삼각형, 이등변삼각형, 부등변삼각형, 정사각형, 정사각형이 아닌 직사각형을 인식하기
- **옆에**, **위에**, **아래에**, **오른쪽에**, **왼쪽에**와 같이 위치를 나타내는 용어에 익숙하기

학습 자료 및 교구

- 실물화상기
- 적어도 한 개의 큰 물건(예를 들어, 큰 책), 한 개의 작은 물건(예를 들어, 종이 클립), 그리고 색깔 있는 물건 한 개(예를 들어, 밝은 노

란색 공)을 포함한 5~6개의 물건
- 작은 모양들을 모은 것을 충분히 덮을 수 있는 큰 천
- 원, 직각삼각형, 이등변삼각형(적어도 두 변이 합동인), 부등변삼각형(어떤 변도 합동이지 않은), 정사각형이 아닌 직사각형, 정사각형 모양의 면을 가진 6~8개의 블록
- 원, 삼각형, 정사각형, 정사각형이 아닌 직사각형, 육각형, 사다리꼴 등의 2차원 모양 중 1개나 2개
- 그리기 도구(선택사항)

활동

도입하기

학생들에게 눈을 감으라고 하면서 5~6개의 서로 다른 물건을 책상 위에 놓는다. 이 물건에는 적어도 1개의 커다란 물건, 1개의 작은 물건, 그리고 1개의 색깔 있는 물건이 포함되어야 한다. 학생들에게 눈을 뜨라고 하고 5초 동안 그 물건을 보게 한다. 그 다음에 물건들을 치우거나 덮는다. 학생들에게 할 수 있는 한 많은 물건을 기억해내라고 한다. 어떤 물건이 쉽게 기억이 되는지 그리고 그 이유가 무엇인지 토론한다. 예를 들어 방안에 가구를 재배치할 때처럼, 사람들은 때때로 그 물건이 어떤 것인지 뿐만 아니라 다른 물건과의 관계를 고려해서 어떻게 물건을 배치하는지 기억해야 한다는 점을 제안한다.

학생들의 시각 기억에 크기, 색깔, 모양 중 어느 속성이 더 유의미한지 알아보기 위해서 다른 물체를 가지고 이 활동을 반복할 수도 있다.

탐구하기

3~5개 정도의 평평한 모양을 실물화상기 위에 놓은 다음, 짧은 시간 동안 보여준다. 실물화상기를 끄고 한 가지 모양을 치운 다음, 다시 실물화상기를 켜고 없어진 모양이 어떤 것인지 학생들에게 물어본다. 하나의 모양을 없애기 전에 매번 초기 모양 세트를 학생들이 고를 수 있는 기회를 허용하면서, 이 과제를 몇 번 정도 반복한다. 학생들이 모양을 인식하고 기억하는 능력이 발달되면, 더 많은 수의 물건을 이용함으로써 과제의 난이도를 높인다.

다음에는 실물화상기 위에 4~7개 정도의 2차원 모양을 놓고 짧게 실물화상기를 켠다. 학생들이 본 것을 묘사하게 한다. 처음에는 학생들이 단지 모양의 이름만을 말할지도 모른다. 학생들에게 다음과 같은 질문들을 제시함으로써 가능한 상세하게 묘사하도록 격려한다.

■삼각형은 정사각형 위에 있습니까? 아래에 있습니까?
■정사각형과 직사각형 사이에 어떤 모양이 있습니까?
■삼각형으로부터 가장 멀리 떨어져 있는 모양은 무엇입니까?
■어떤 모양이 육각형에 가장 가깝습니까?

확장하기

학생들은 학교 주변에서 "확장하기"의 연습문제에 사용되는 블록과 같은 모양의 대상을 찾아다닐지도 모른다.

원, 삼각형(가능하다면 직각삼각형, 이등변삼각형, 그리고 부등변삼각형), 직사각형, 정사각형의 면을 갖는 3차원의 블록 세트를 펼쳐 놓는다. 이 블록들과 같은 모양의 물건을 주변에서 찾을 수 있는지 학생들과 토론한다. 몇 개의 물건을 이용하여 "탐구하기" 영역의 활동을 반복하되, 장애물을 두어 학생들이 실제 물건이 아니라 투사된 이미지만 볼 수 있게 한다. 이때, 학생들은 물건을 회상해내는 것뿐만 아니라 3차원의 물건이 어떤 2차원의 화면 이미지가 되는지 결정해야 한다.

주변 어디에서 실물화상기 위의 모양들을 관찰할 수 있는지 학생들이 생각할 수 있는 기회를 줄 수도 있다. 또한 실물화상기 화면에서 보이는 모양을 보기 위해서는 학생들이 어디에 서 있어야 하는지 질문할 수도 있다.

토론

일부 물체를 사용해서 더 다양한 실물화상기 이미지를 만들어낼 수 있다. 학생들에게 다양한 모델을 제시하고 그러한 모델을 사용하여 얼마나 다른 이미지를 볼 수 있었는지 물어보아라.

이 활동을 통해 다른 측면의 시각화와 공간 지각 능력을 다룬다. 2차원 이미지를 조사함으로써, 학생들은 3차원 모양을 더욱 잘 이해하기 위한 2차원과 3차원 모양 간의 관계를 알게 된다. 시각적인 기억의 발달을 통해 학생들은 주위 환경을 더 잘 인식하게 되고, 산술적 원리를 나타내기 위해서 물건들을 산가지로 사용하는 수학 학습에 도움을 얻는다.

모양들이 어떻게 동일하고 다른지 학생들이 비형식적으로 토론할 기회를 많이 갖는 것이 중요하다. 그러한 토론을 통해 학생들은 공간 어휘를 배우게 되고 상급 학년에서 더 형식적으로 도입되는 아이디어에 대한 직관적 이해를 쌓아갈 수 있다.

자르기

1-2학년

요약

선대칭으로 접은 종이를 보고 학생들은 이 종이를 펼치면 어떤 모양이 될 것인지 예상한다. 또한 학생들은 특정한 모양을 만들기 위해서 접은 종이를 자르는 방법을 결정한다.

학습목표

- 공간 추론을 발달시킨다.
- 선대칭을 가진 모양을 탐색한다.

사전 지식

- 선대칭 개념에 익숙하기

대칭을 가진 모양을 인식하고 만들어라.

학습 자료 및 교구

- 일반 종이
- 각 학생별로 학습 활동지 [자르기] 복사본
- 각 학생별로 가위
- 잘라서 만든 대칭 모양(예, 하트)
- 각 학생별로 어떤 모양의 "절반"만 그려져 접힌 종이("탐구하기" 섹션을 보시오.)
- 각 학생별로 그리기 도구

110쪽

활동

도입하기

종이를 반으로 접고 그림 4.1에 제시된 모양을 그린다. 학생들에게 그려진 선을 따라 오린 후 펼치면 어떤 모양이 될 것인지 예측하게 한다. 잘라서 펼쳐 보인 후 원래 모양과 잘라서 펼친 모양이 어떻게 같은지, 그리고 어떻게 다른지 말하게 한다.

그림 4.1
접은 종이에 그린 삼각형

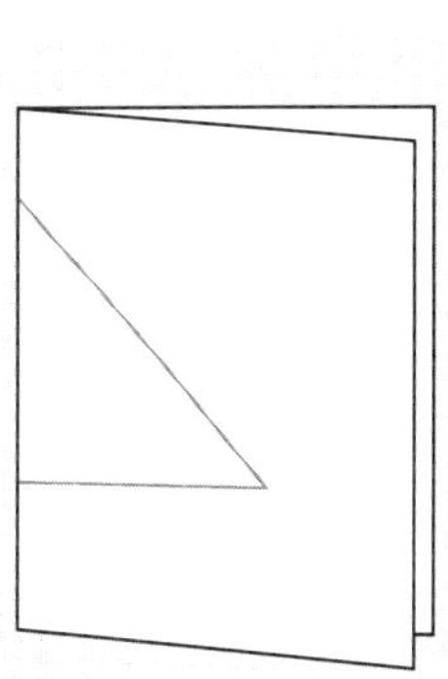

그림 4.2
대칭 모양

그런 다음에 그림 4.2의 하트 모양과 같이 대칭을 가진 모양을 보여준다. 종이를 접고, 자르고, 자른 것을 펼쳐서 이 모양을 만들었다는 것을 설명한다. 어떻게 하면 이 절차를 따라서 비슷한 하트 모양을 만들 수 있을지 학생들에게 물어본다. 어떻게 해야 하는지 학생들이 알게 되었을 때, 한 학생을 불러 모양을 그리게 하고 잘라서 하트 모양을 만들 수 있는지 조사해본다.

탐구하기

어떤 모양이 그려져 접힌 종이를 각 학생에게 나눠준다. 그림 4.3과 4.4에 몇 가지 예가 있다. 자르고 펼쳤을 때 어떤 모양이 될 것인지 생각하여 그림으로 나타내게 한다. 다음과 같은 질문을 한다.

- 자른 후에 얼마나 많은 변이 생길까요? 어떻게 알 수 있습니까?
- 펼친 모양의 어떤 변이 접힌 모양의 변과 길이가 같을까요? 어느 쪽이 더 길까요? 어느 쪽이 더 짧을까요?
- 접힌 모양의 그림만 보고 어떻게 모퉁이 또는 꼭짓점의 개수를 예상할 수 있을까요?

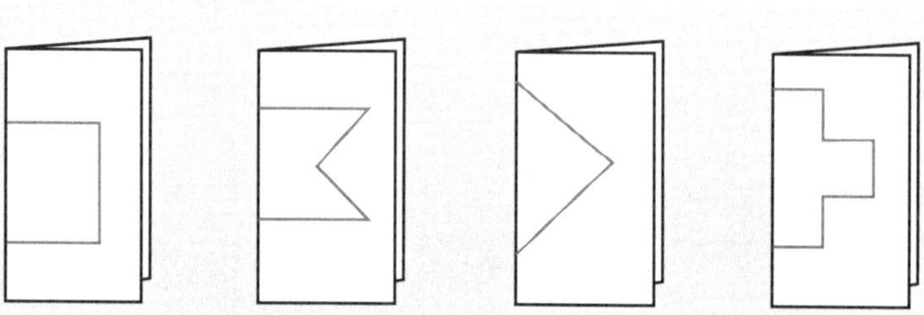

그림 4.3
접은 종이에 그린 모양들

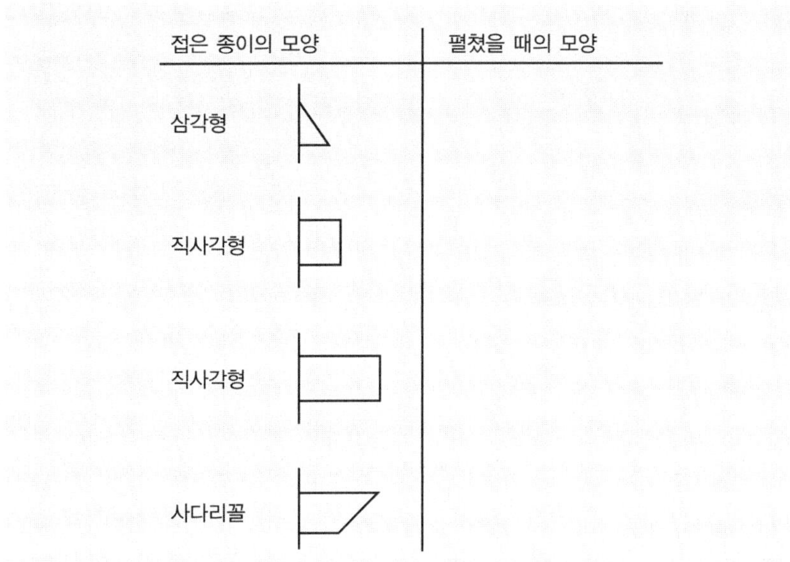

그림 4.4
접은 모양과 펼친 모양 차트

가위를 나눠주고, 학생들의 예상이 맞았는지 확인하기 위해 학생에게 주어진 모양을 자르게 한다. 그런 다음에 학생들이 그림 4.4에 제시된 것과 같은 차트를 완성하게 한다. 자르고 펼쳐 보였을 때 어떤 모양이 "같은 이름을 유지하는지"(예, 삼각형이 더 큰 삼각형이 되었다.)에 대해 말해본다.

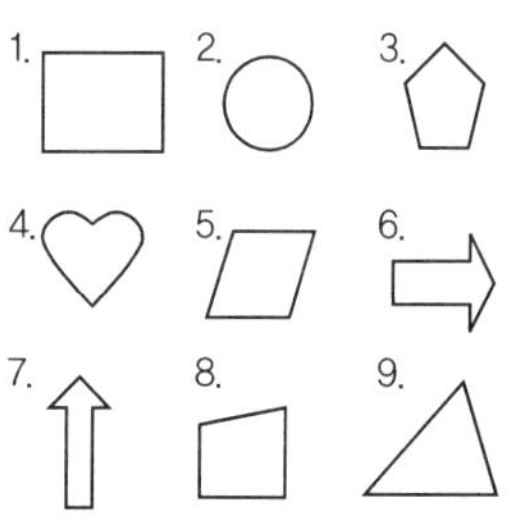

각 학생에게 학습 활동지 [자르기] 복사본을 나눠준 후, 어떤 모양이 종이를 접어서 자른 후 펼쳐서 생긴 모양인지, 그리고 그것을 어떻게 알았는지 물어본다. 학생들의 예상이 맞았는지 검사해볼 수 있도록 종이, 그리기 도구, 가위를 나눠준다.

확장하기

접은 종이를 준비한다. 세 번의 곧은 가위질로 접은 종이를 잘라서 학생들이 얼마나 많은 다른 펼친 모양을 만들 수 있는지 알아보게 한다. 예를 들어 학생들은 정사각형, 정사각형이 아닌 직사각형, 사다리꼴, 육각형을 만들 수 있다(그림 4.5 참조). 그런 다음에 한 번

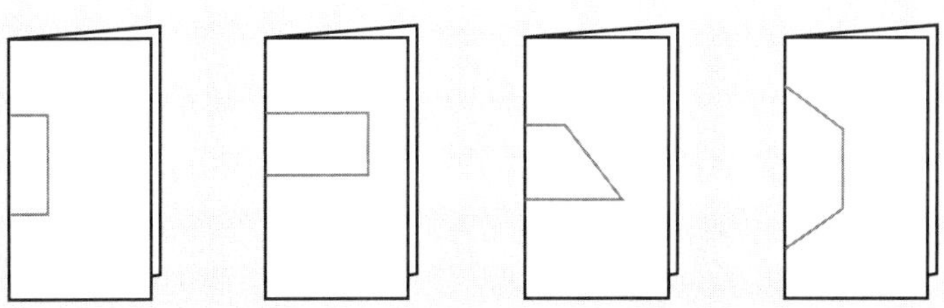

그림 4.5
접은 종이를 세 번 곧게 잘라서 모양 만들기

또는 두 번의 곧은 가위질로 어떤 모양을 만들 수 있는지 학생들에게 물어본다. 특별히 학생들이 세 번, 두 번 혹은 한 번의 가위질로 정사각형을 만들 수 있는지 도전해보게 할 수도 있다.

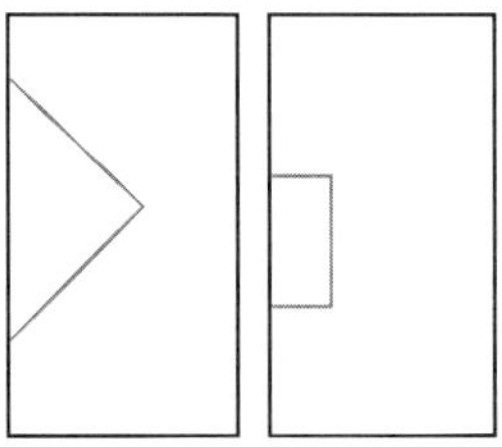

한 번의 가위질로 정사각형을 만들 수 없다.

토론

공간 추론의 중요한 한 측면은 선대칭적인 모양에서 합동인 반쪽이 어떻게 전체 모양과 관련되는지 시각화하는 능력이다. 학생들은 자주 대칭 모양을 인식하면서도 전체 모양을 만들기 위해서 접은 종이에 그 모양의 반을 어떻게 잘라야 하는지 시각화하는 데 어려움을 겪는다. 이 간단한 활동은 이러한 개념을 구체화시킨다. 학생들이 접힌 종이를 펼쳤을 때 어떤 모양이 될 것인지 생각할 때, 특정 횟수의 가위질로 어떤 모양을 만들 수 있을 것인지 생각할 때, 또는 이러한 방법으로 잘라서 만들 수 없는 모양이 어떤 것이 있는지 생각하도록 도전받을 때, 학생들은 중요한 수학적 사고와 씨름하고 있는 것이다.

틀

2학년

요약

공간 기억과 공간 시각화를 사용하여 기하 모양에 대한 심적 이미지를 창안하라.

학생들에게 입체로 된 대상을 제시하고 그 모양을 반영하는 틀이나 엑스레이(X-ray)처럼 모서리나 꼭짓점을 시각화해보게 한다. 그러면 학생들은 이쑤시개와 점토 또는 젤리를 이용하여 여러 가지 각기둥과 각뿔의 틀을 창안해낸다.

학습목표

- 다면체의 특징을 시각화하고 설명한다.
- 다면체의 모서리와 꼭짓점을 확인한다.

사전 지식

- 단순한 다면체를 구성하는 다각형을 확인하기

다면체는 다각형을 면으로 가지는 3차원 도형이다.

학습 자료 및 교구

- 이쑤시개 또는 빨대
- 점토 또는 젤리
- 다각형의 면들로 이루어진 지오블록 또는 다른 다면체 모델

만일 이쑤시개 대신에 여러 가지 길이를 가진 빨대를 사용한다면, 아래와 같은 모양의 틀을 더욱 쉽게 만들 수 있다.

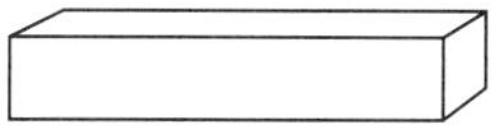

활동

도입하기

두 명씩 짝지어 앉아 있는 학생들에게 블록 혹은 다면체 모델과 이쑤시개 또는 빨대를 나눠준다. 학생들에게 다면체의 면들 중 한 면을 대상으로 하여 이쑤시개 또는 빨대를 배열하게 함으로써 모델링 과정을 시작한다. 다각형 면의 변을 나타내는 이쑤시개나 빨대는 다각형 면의 꼭짓점을 나타내는 젤리와 연결되어야 한다(그림 4.6 참조).

그림 4.6 이쑤시개 다각형

다양한 모양을 만드는 데 얼마나 많은 이쑤시개가 반드시 필요한지 학생들과 이야기한다. 학생들로 하여금 각 다각형의 변의 수와 꼭짓점의 수를 세게 하고, 이 두 수는 모든 도형에 대해서 항상 같음을 알게 한다.

각 변에 하나의 이쑤시개만 사용한다는 규칙은 왜 정사각형이 아닌 직사각형을 만드는 것은 불가능하게 하는지, 그러나 왜 다른 평행사변형을 만드는 것은 가능하게 하는지에 대해 이야기한다. 그리고 학생들에게 만약 하나의 이쑤시개가 하나의 변을 나타내야 한다는 규칙이 있을 때 왜 정삼각형은 만들 수 있지만 다른 종류의 삼각형은 만들 수 없는지 물어본다.

탐구하기

학생들로 하여금 다면체의 모든 모서리와 꼭짓점을 나타내는 3차원 모델을 만들도록 도전시킨다(그림 4.7 참조). 학생들이 이전에 만들었던 면부터 시작하면 쉽게 시작할 수 있다. 즉, 기존에 만들어 봤던 면들을 이용해 만들기 시작하여 다면체 모델의 나머지 부분을 완성할 수 있다.

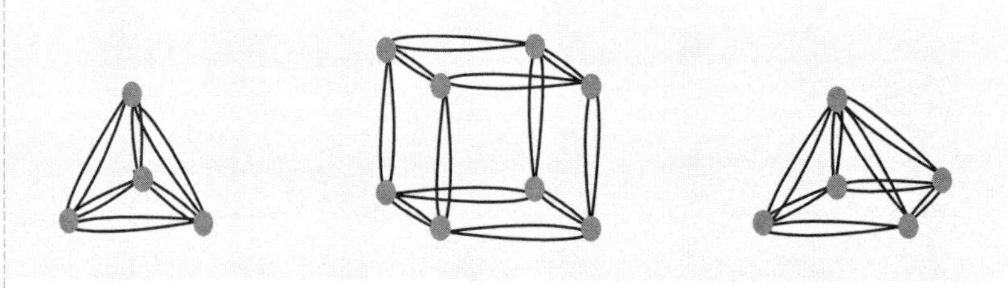

그림 4.7
이쑤시개 다면체

일단 학생들이 자신들의 모델을 완성하면 아래와 같은 질문을 한다.

- 얼마나 많은 이쑤시개가 각각의 젤리 또는 점토 부분에 사용되었습니까? 그 수는 모든 꼭짓점마다 같습니까?
- 어떻게 입체도형의 면들을 "볼" 수 있습니까?
- 왜 6개의 정사각형 면들로 이루어진 입체도형을 만드는 데 24개의 이쑤시개 또는 24개의 젤리를 사용할 필요가 없었나요? (왜냐하면 모든 젤리는 3개의 이쑤시개를 갖고 있고, 모든 이쑤시개는 두 정사각형의 변이 되기 때문입니다.)
- 엑스레이란 무엇입니까? 왜 여러분의 모델은 입체도형의 엑스레이처럼 보일까요? (여러분이 면들을 볼 수 없기 때문에 엑스레이처럼 보입니다. 즉, 여러분은 단지 "뼈(모서리)"와 "관절(꼭짓점)"만 볼 수 있습니다.)

확장하기

학생들이 다음과 같은 특징에 따라 자신들의 모델을 분류해보게 한다.

- 모서리 수
- 꼭짓점 수

■ 최소한 한 면은 정사각형을 가진 것
■ 최소한 한 면은 삼각형을 가진 것

토론

2차원 모양과 3차원 모양을 만들어보는 것은 기하 성질과 관계를 이해하는 데 귀중한 기초가 된다. 이런 틀 만들기 활동은 학생들이 모서리와 꼭짓점에 중점을 두게 함으로써 3차원 입체물의 구성 요소를 시각화하는 것을 가능하게 한다. 때때로 학생들은 오직 입체도형의 면에만 관심을 두기 때문에 이런 활동은 그들의 시각을 넓히는 데 도움을 준다.

오개념 주의: 만약 학생들이 자신들의 틀을 비눗방울 용액에 넣으면, 예상하듯이 그 틀 위에 형성되는 비누로 만들어지는 엷은 막이 다면체 모델처럼 되지는 않는다. 그 엷은 막은 최소한으로만 표면적을 연결하게 되므로, 이는 실제로 그 도형 **안쪽**에 있는 벽인 셈이다.

또한 틀 만들기는 안정성과 압력이라는 물리학 개념의 탐색을 위한 사전 준비가 된다. 학생들에게 다각형의 안정성을 시험해볼 수 있는 기회를 주는 것이 좋다. 학생들이 만든 다각형은 아마 안정적이지 못할 것이고, 설혹 삼각형을 만들었다고 하더라고 그럴 것이다. 안정성 테스트를 위해 교사가 만든 다각형 세트가 필요할지도 모른다. 삼각형 모양으로 만들어진 구조는 가장 강력하고 가장 안정적일 것이다. 왜냐하면 압력이 동등하게 분산되고 변들 사이에 있는 각은 변을 분해하지 않는 한 바뀌지 않기 때문이다. 그러므로 동일한 3개 변들의 세트로 만들어진 모든 삼각형들은 합동이다. 대조적으로, 동일한 4개 혹은 그 이상 변들의 세트로 만들어진 다각형들은 반드시 합동이 아닐 수도 있다. 4개의 변으로 이루어진 구조에서 2개의 반대쪽 꼭짓점을 서로 연결하면 2개의 삼각형이 되고, 이것은 그 구조를 더 견고하게 해준다. 다른 구조들 또한 이처럼 내부를 지지함으로써 안정적으로 만들 수 있다. 삼각형은 다리, 집, 건물, 대문, 그리고 스크린 도어와 같은 많은 건축 설계에서 사용된다.

아마도 이 책에 함께 수록되어 있는 CD-ROM에서 관련된 탐색 활동인 기하 도형과 그 성질 탐색하기(Exploring Geometric Solids and Their Properties)를 찾아 볼 수 있다. 또한 이 애플릿은 미국 수학교사협의회의 일루미네이션 웹사이트(illuminations. nctm.org)에 나와 있다. i-Math Investigations를 클릭하고 초등학교 3~5학년에 있는 활동을 클릭하면 된다.

되돌아보기와 전망하기

Navigations Series Prekindergarten–Grade 2

≪유아 · 유치원–초등 2학년의 기하와 함께하는 여행≫은 2차원 모양과 3차원 모양 및 그런 도형을 정의하는 특성과 성질을 분석하기 위한 기초를 다지게 한다. 이 수준에서 학생들은 모서리와 꼭짓점의 수를 세고, 모양을 함께 묶거나 분리해서 다른 모양을 만들고, 여러 가지 속성들을 이용해서 모양을 분류하기도 한다. 이런 활동들은 모양 사이의 관계를 학습하고 여러 범주로 모양을 분류하기 위한 준비가 된다.

초등학교 2학년이 끝나갈 즈음에 학생들은 간단한 2차원과 3차원의 도형을 인식하고, 이름 붙이고, 만들고, 그리고, 분류하고, 비교할 수 있어야 하고, 그 도형들의 속성을 확인할 수 있어야 한다. 학생들은 2차원 모양을 함께 묶어보거나 잘라 본 결과를 예측할 수 있어야 하고, 간단한 블록의 구조를 만들고 이를 블록과 연결할 수 있어야 한다. 초등학교 3~5학년 학생들은 이러한 기술을 정교하게 해서 더 복잡한 모양과 입체도형을 탐색하고, 모양 내의 모양을 확인한다. 학생들은 도형을 분류하고 구분하기 위해서 2차원 모양과 3차원 모양을 비교하고 대조하며, 특정한 모양이나 모양 세트의 특성을 정의하는 것에 대해서 기술한다. 이 수준에서는 전문 용어의 사용에 좀더 세심한 주의가 필요하다.

초등학교 2학년이 끝나갈 즈음에 학생들은 상대적인 위치를 설명하기 위해 **근처에**, **멀리**, **뒤쪽으로**, **앞쪽으로**, **안쪽**, **바깥쪽**, **바로 위**, **바로 아래**, **위**, **아래**와 같이 위치를 나타내는 어휘를 사용할 수 있어야 한다. 학생들은 간단한 지도를 창안해내고 해석할 수 있어야 하며, 단지 하나의 사분면을 가지고 있는 간단한 좌표 격자 위의 위치를 말할 수 있어야 한다. 학생들이 초등학교 3~5학년에서

북쪽, **남쪽**, **동쪽**, **서쪽**과 같은 용어를 사용하고, 한 장소에서 다른 장소로 이동하기 위한 지시를 해석하고 따라 하면서 위치를 나타내는 더 정확한 어휘를 배우게 된다. 초등학교 3~5학년 학생들은 좌표의 격자를 그리고 해석하며, 원점과 모든 사분면의 점들을 위치시키기 위해 음수를 포함하는 데카르트 좌표계와 순서쌍을 사용한다.

초등학교 2학년이 끝나갈 즈음에 학생들은 간단한 모양에 대한 밀기, 뒤집기, 돌리기를 수행할 수 있어야 한다. 학생들은 특정한 도형에 대해 수행된 변환을 확인할 수 있어야 하고, 선대칭이나 회전 대칭을 가진 간단한 모양을 만들 수 있어야 한다. 초등학교 3~5학년에서 변환을 설명하는 어휘는 더욱 정확해지는데, 예를 들어, '**90° 회전하기**' 또는 '**수평적으로 뒤집기**'가 있다. 이 수준에서는 더 복잡한 모양과 변환의 조합 활동을 포함한다.

유아 · 유치원에서 초등학교 2학년까지 학생들은 자신들이 간단히 보는 2차원 모양과 3차원 모양을 설명하고, 여러 가지 관점에서 간단한 3차원 구조를 인식하며, 간단한 경로를 창안 · 해석 · 항해하고, 간단하게 접혀 있는 도형의 펼친 모양의 결과를 예측하게 됨에 따라 시각화하는 학생들의 능력이 개발된다. 초등학교 3~5학년 학생들은 2차원 모양과 3차원 모양을 그리고, 만들고, 비교하고, 모델화한다. 학생들은 마음속으로 도형을 조작해서 변환의 결과를 예측하고, 특정한 도형에서 직사각형이나 삼각형의 개수를 센다.

부록
학습 활동지 모음과 해답

패턴 블록 강아지

이름 ____________

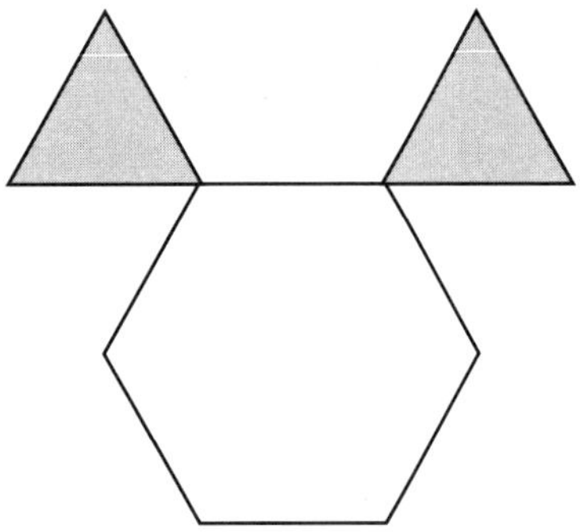
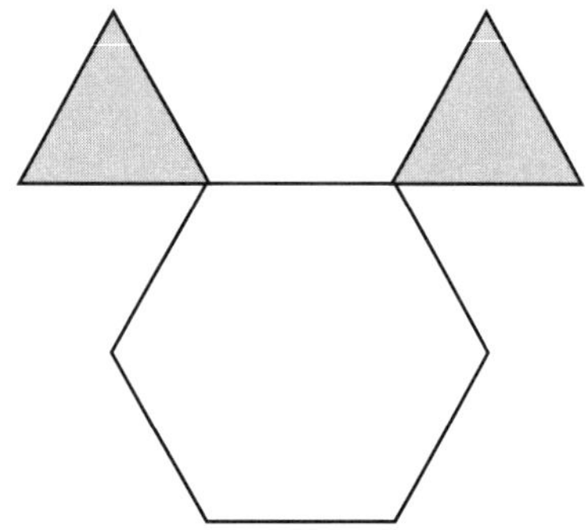

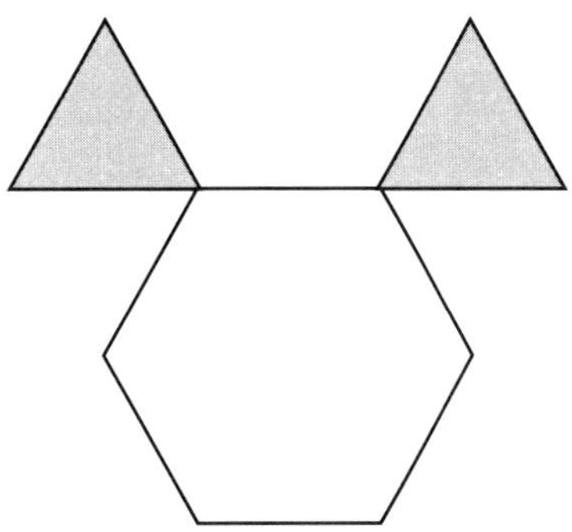
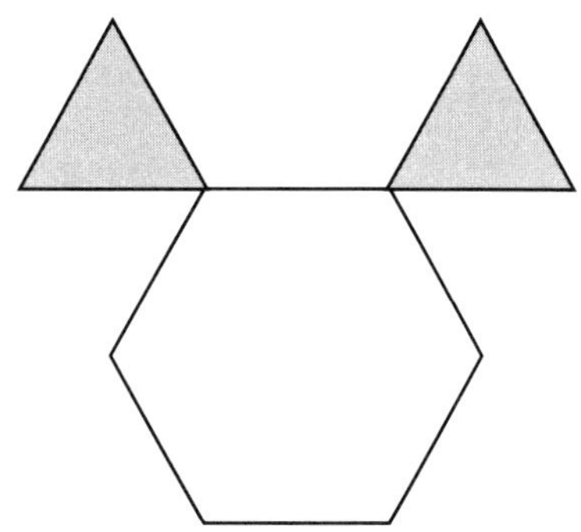

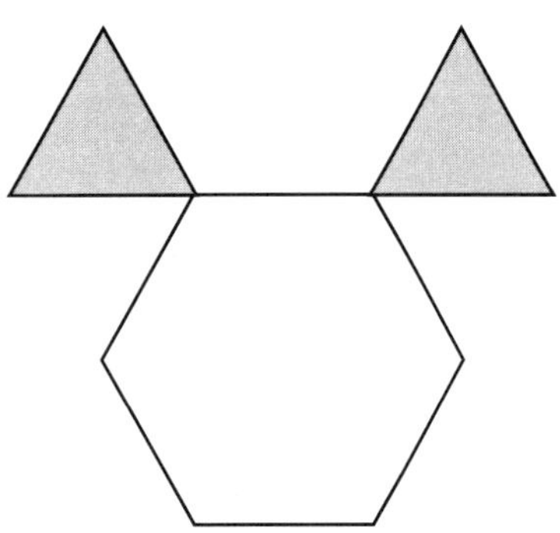
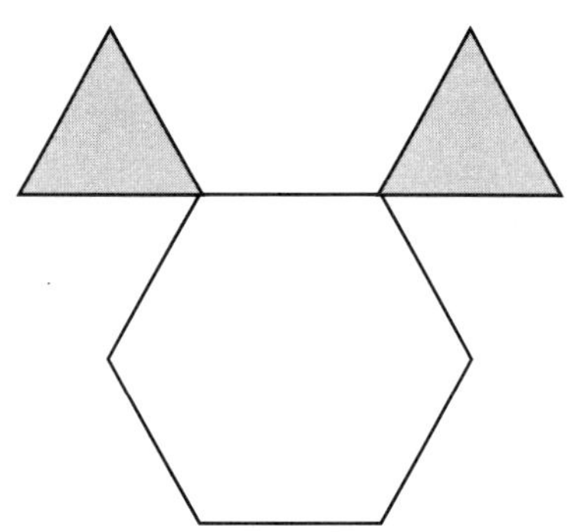

학교 가기

이름 ____________________

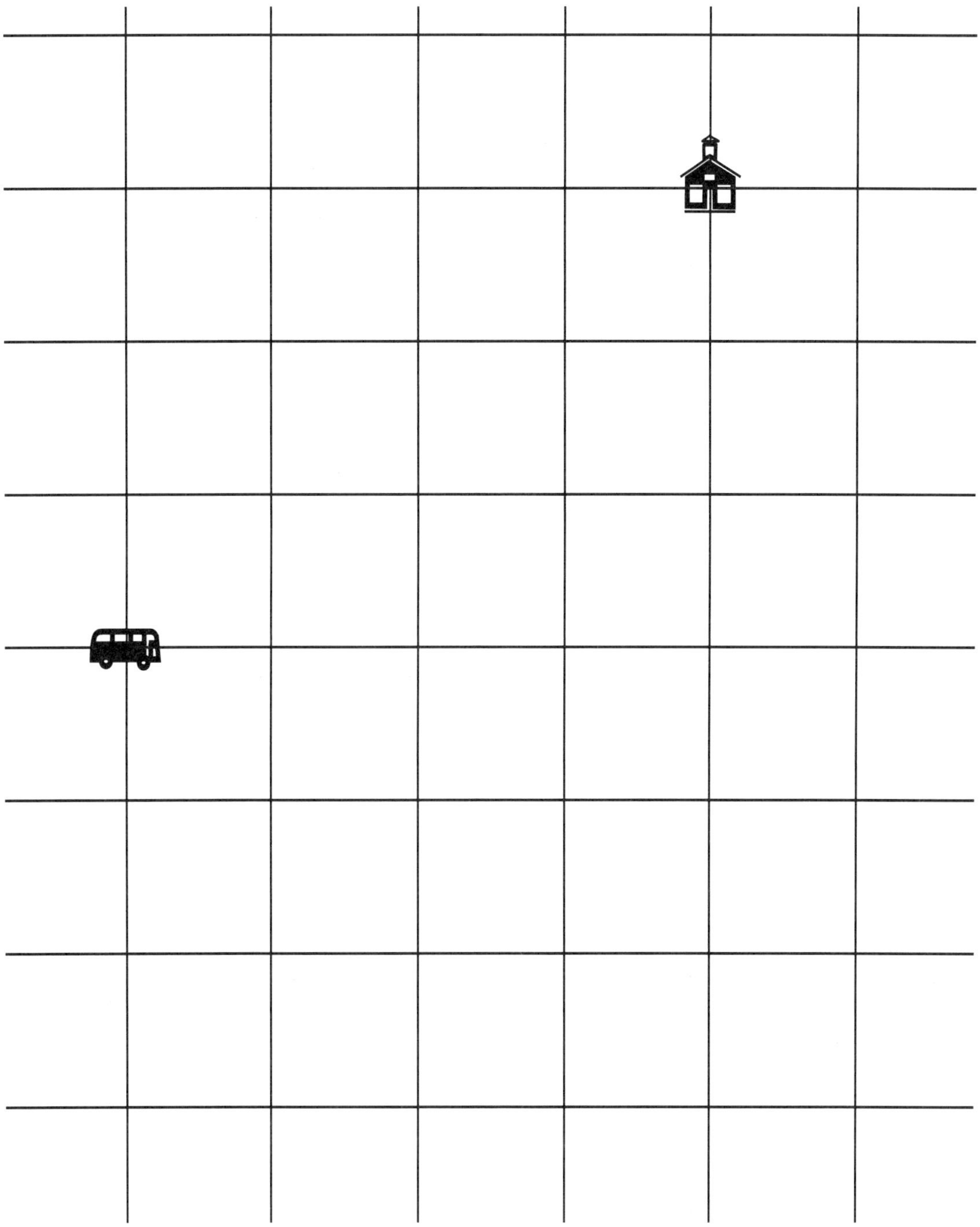

여기부터 저기까지

이름 ______________

괴물 몰리

이름 ________________

이 그림과 같은 괴물 몰리를 만들 수 있습니까?

거울 모양

이름 ________________

마스터 모양의 복사본 위에 거울을 놓으시오. 거울을 움직여서 모양 1~6을 만드시오.

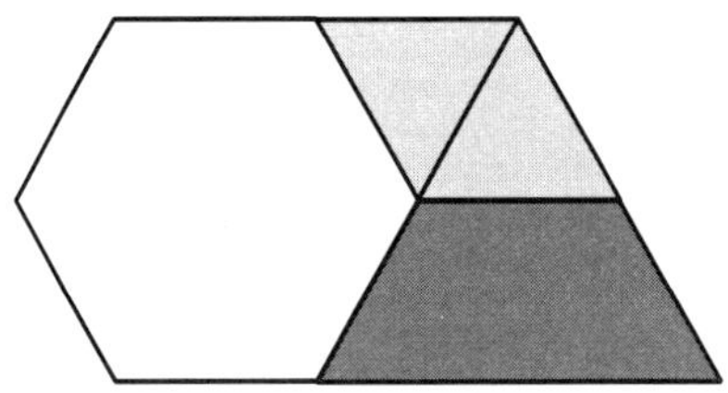

마스터 모양

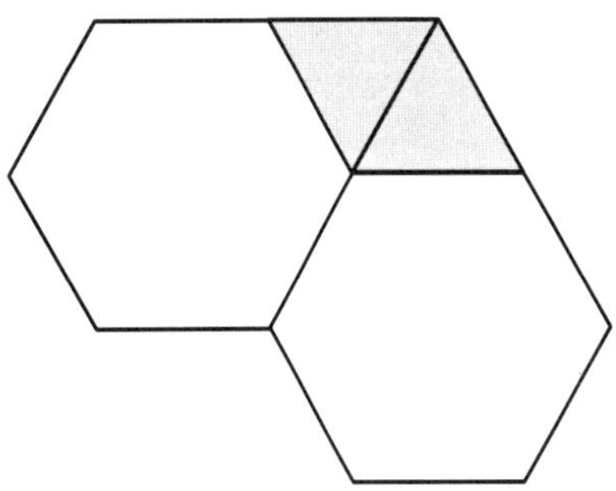

모양 1

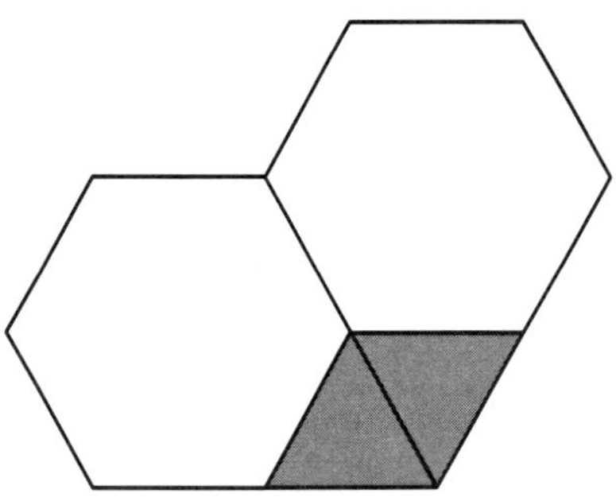

모양 2

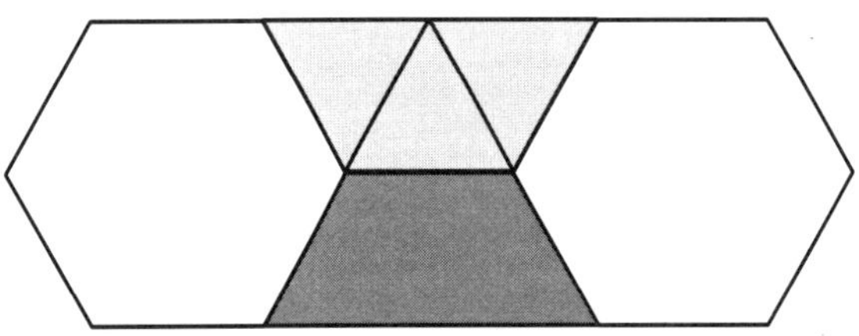

모양 3

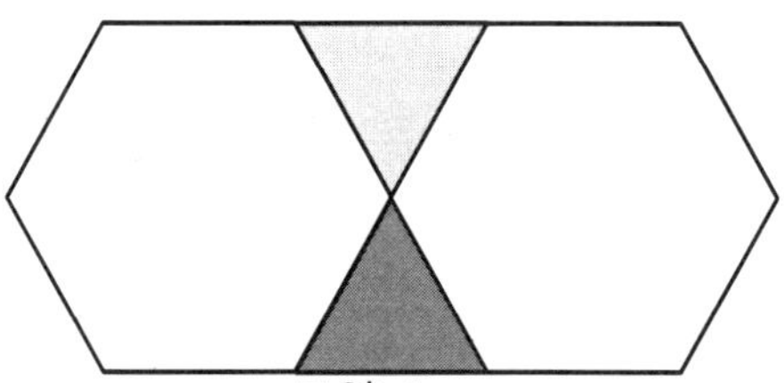

모양 4

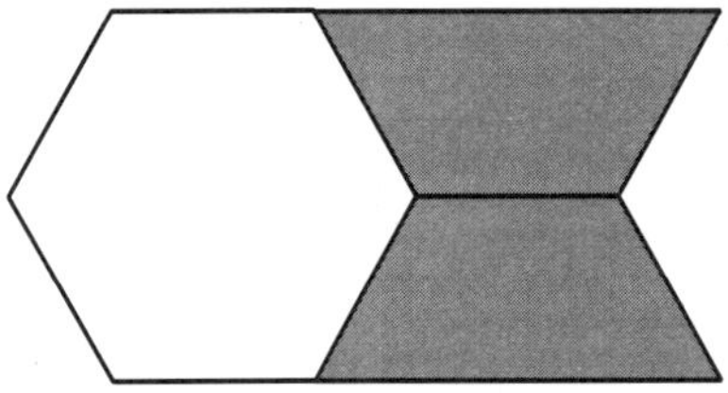

모양 5

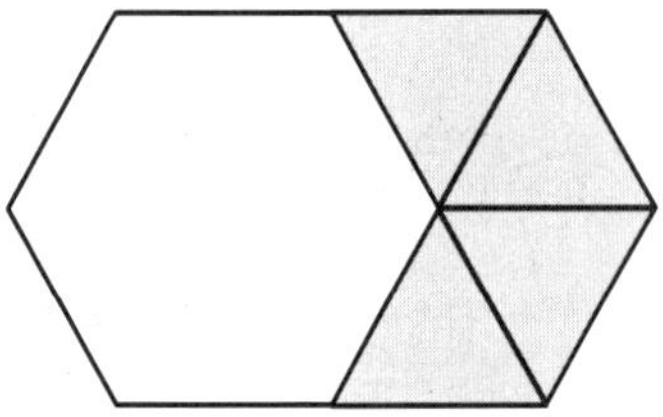

모양 6

이것은 어떤 움직임입니까?

이름 ______________

디자인 타일

움직임 1

시작 끝

움직임 2

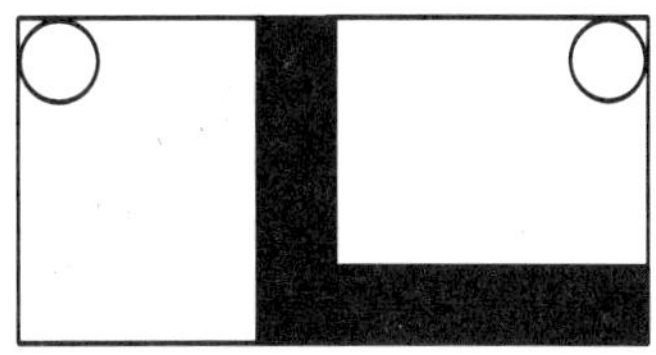

시작 끝

움직임 3

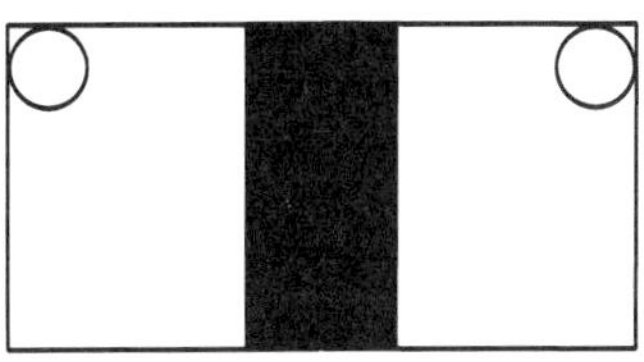

시작 끝

움직임 4

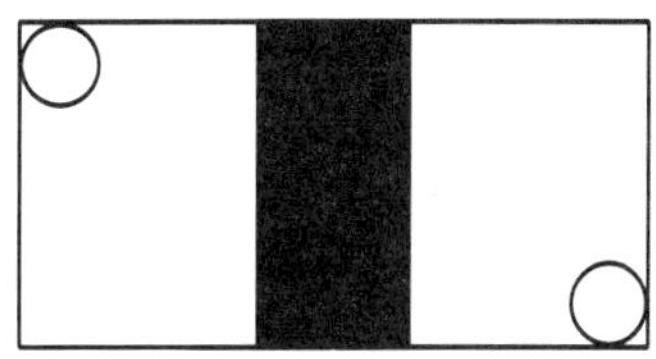

시작 끝

움직임 5

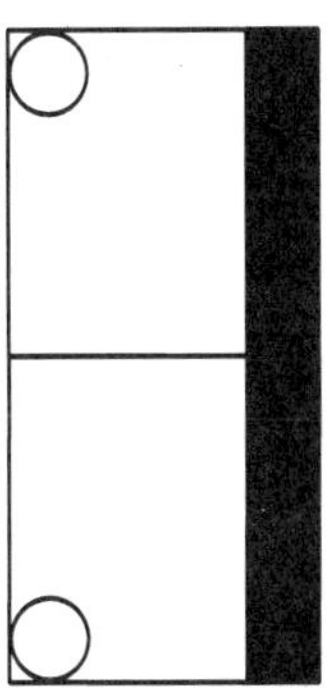

시작

끝

움직임 6

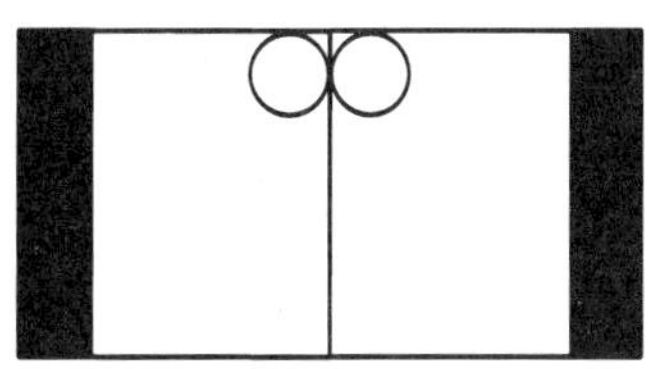

시작 끝

디자인 만들기

이름 ________________

아래 왼쪽의 디자인 타일을 가지고 밀기, 뒤집기, 돌리기를 이용하여 오른쪽의 패턴을 만들었습니다.

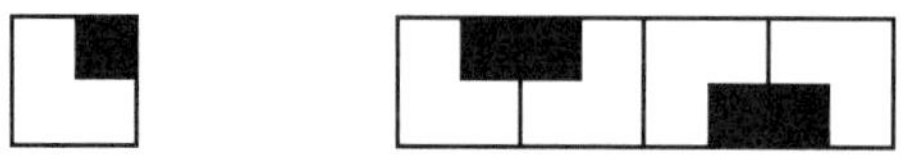

1. 아래 디자인 타일에 대한 4개 복사본을 이용하시오. 이것을 밀기, 뒤집기, 돌리기하여 패턴을 만드시오.

디자인 타일

2. 문제 1의 디자인 타일을 사용해서 4개의 다른 디자인을 만드시오.

3. 자신만의 디자인 타일을 만드시오.

나의 디자인 타일

4. 여러분의 디자인 타일을 사용하시오. 밀기, 뒤집기, 돌리기로 몇 개의 패턴을 만드시오.

A와 B 블록 보기

이름 ______________

A

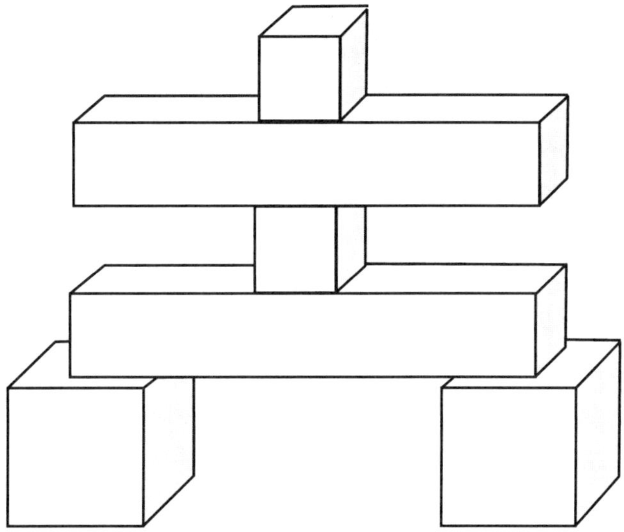

B

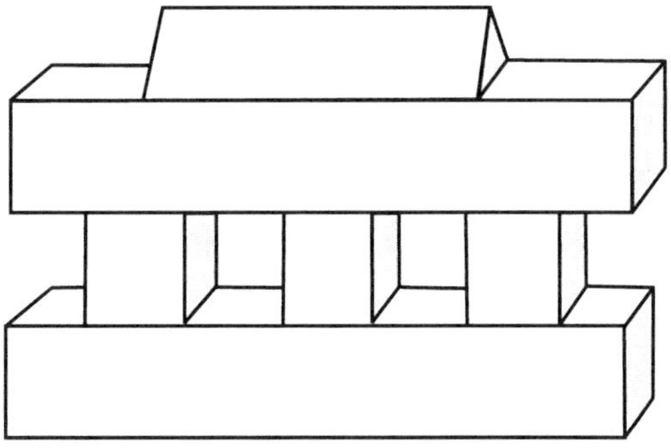

C와 D 블록 보기

이름 ________________

C

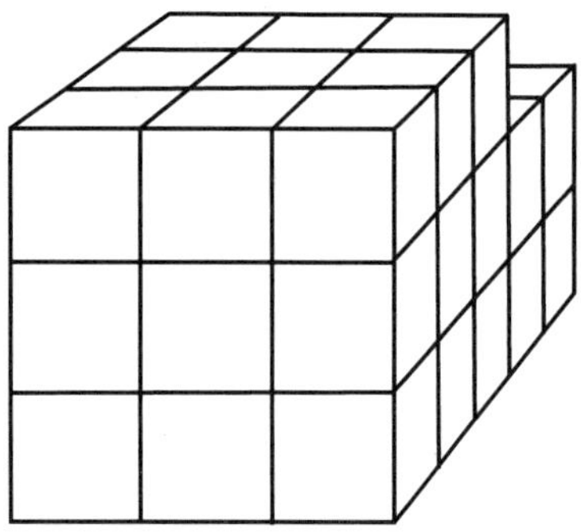

D

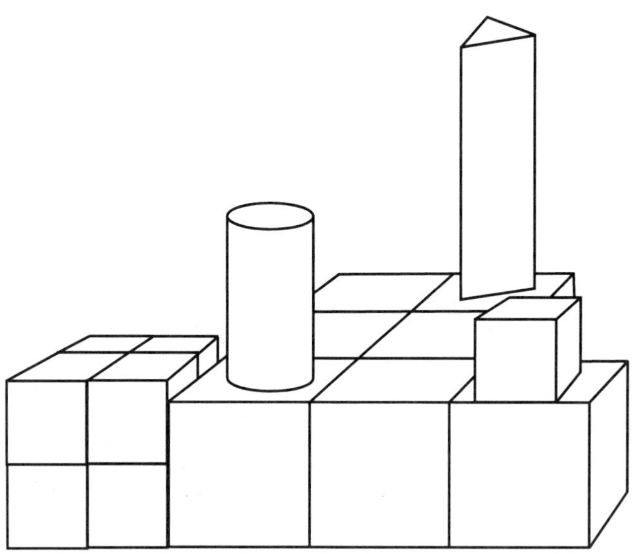

조강도

이름 ______________

1 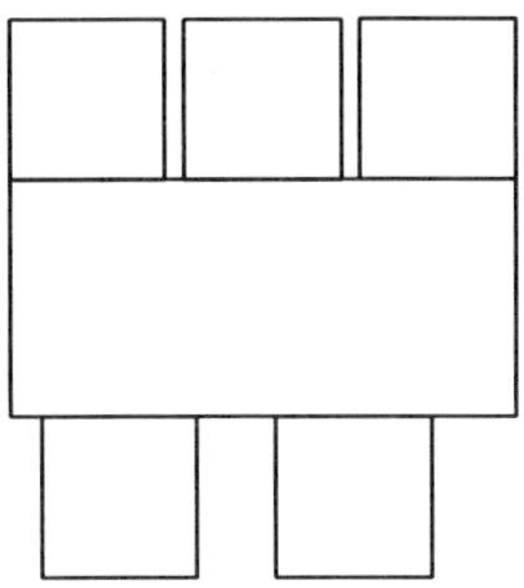

2 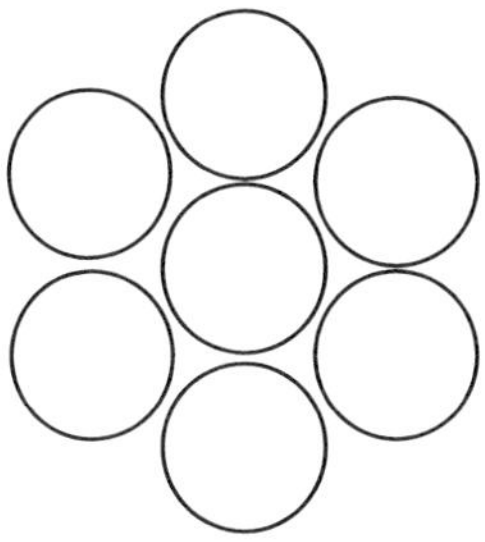

3 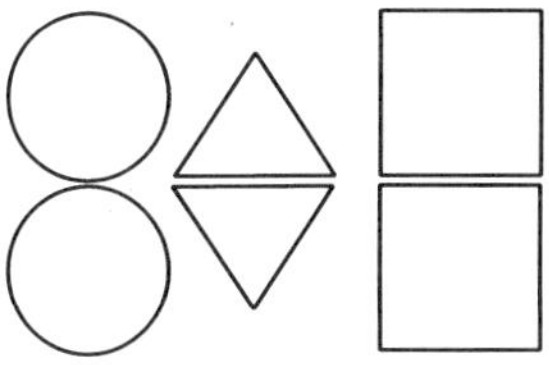

4 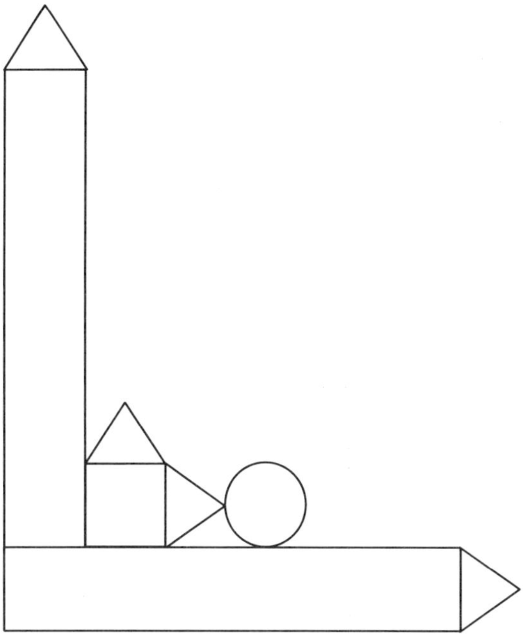

자르기

이름 ____________

1.
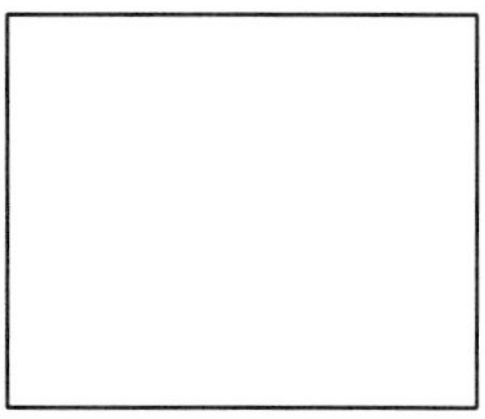

2.
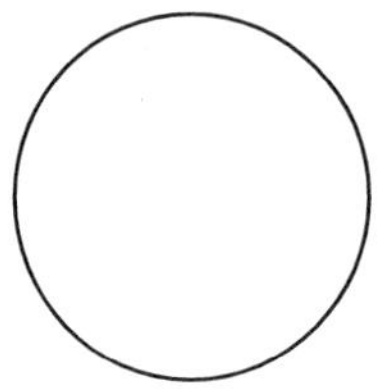

3.
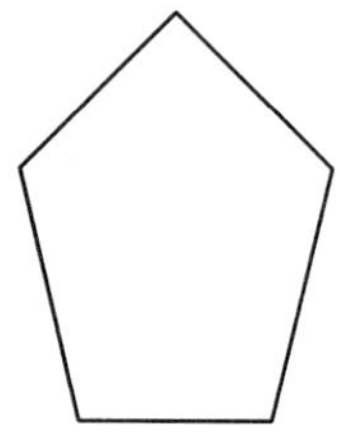

4.

5.
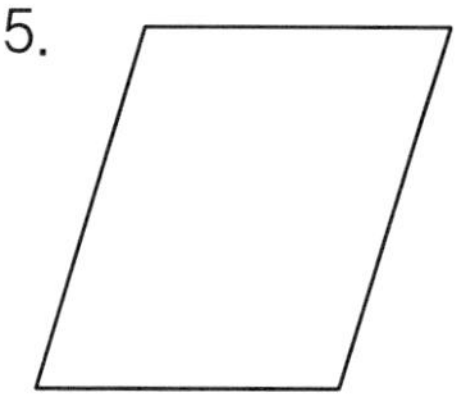

6.
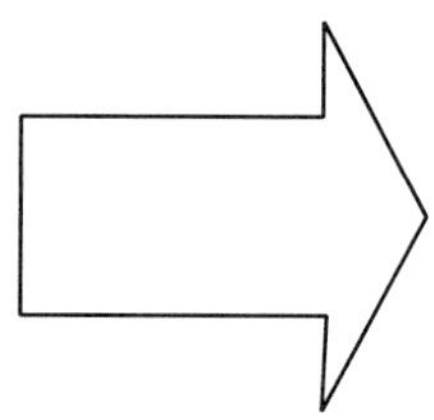

7.
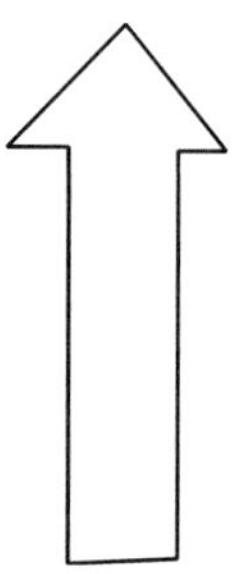

8.
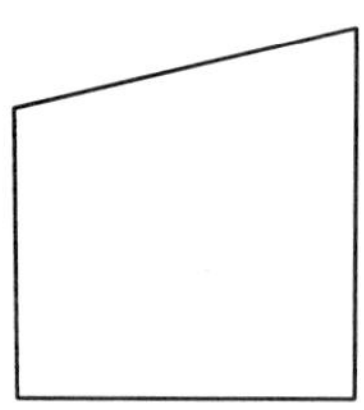

9.
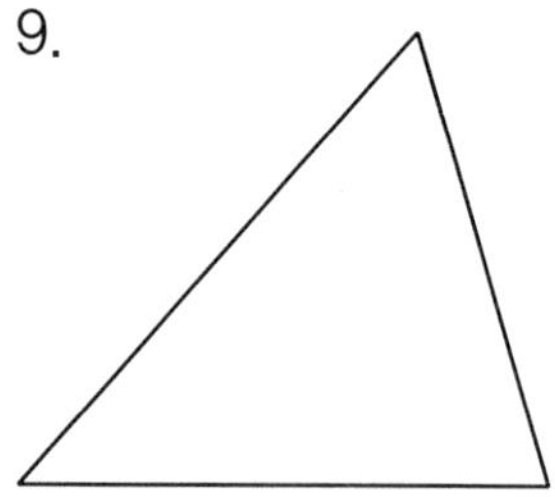

학습 활동지 해답

[패턴 블록 강아지] 해답

다음은 패턴 블록으로 "강아지"를 덮는 여러 가지 조합을 나타낸 것이다.

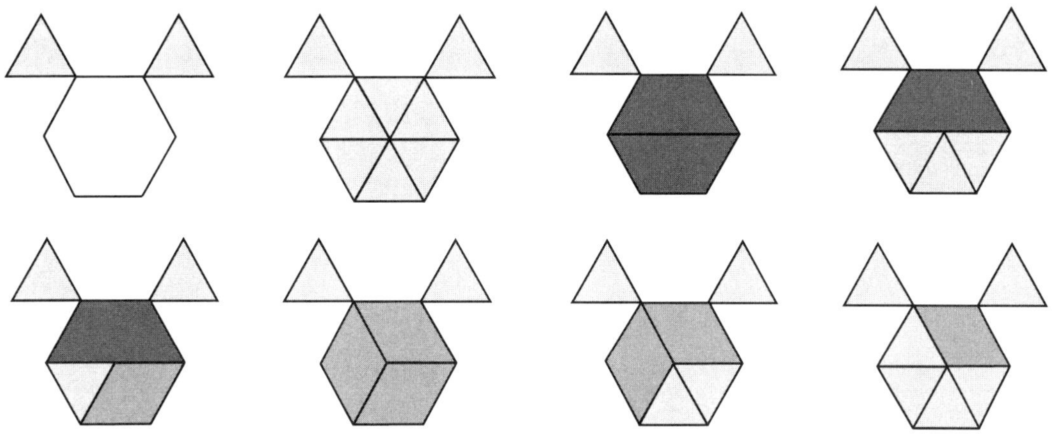

[괴물 몰리] 해답

선은 거울의 위치를 나타내고, 화살표는 거울에서 어느 쪽을 봐야 하는지를 나타낸다.

[거울 모양] 해답

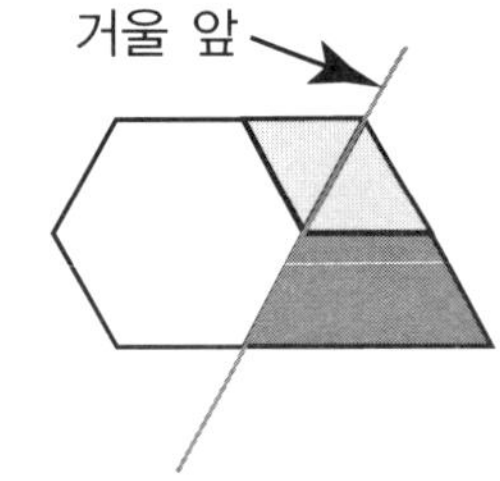

모양 1

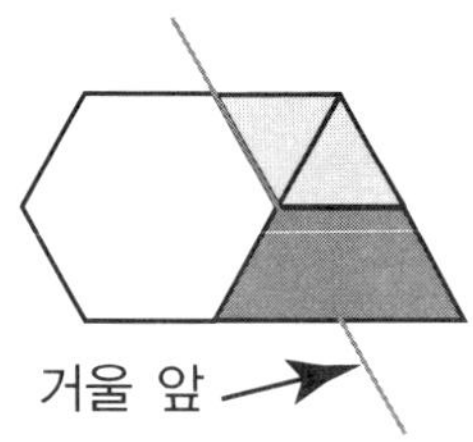

모양 2

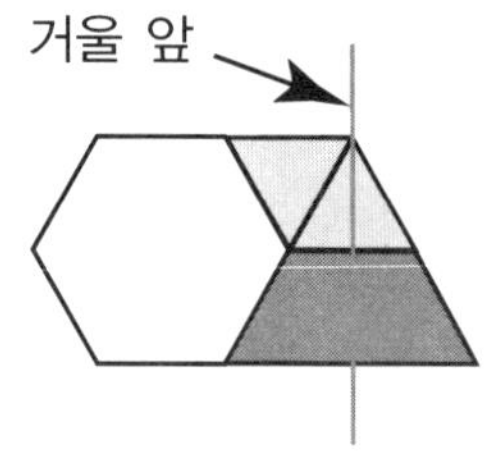

모양 3

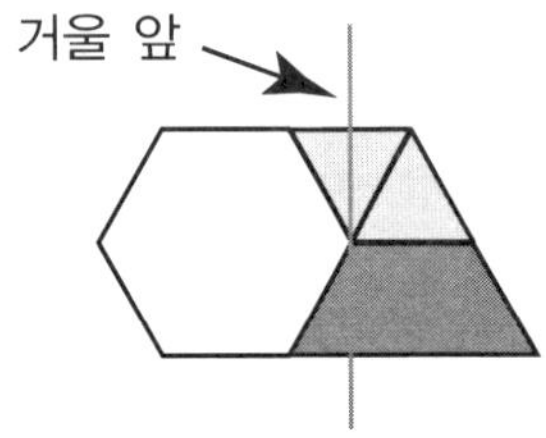

모양 4

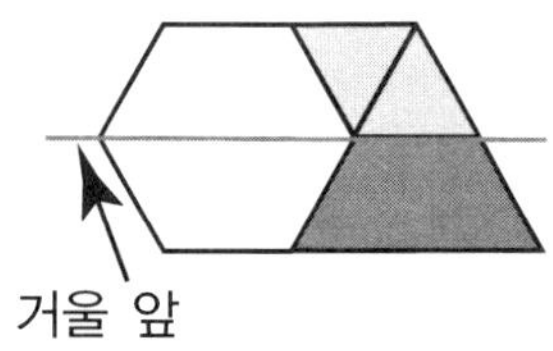

모양 5

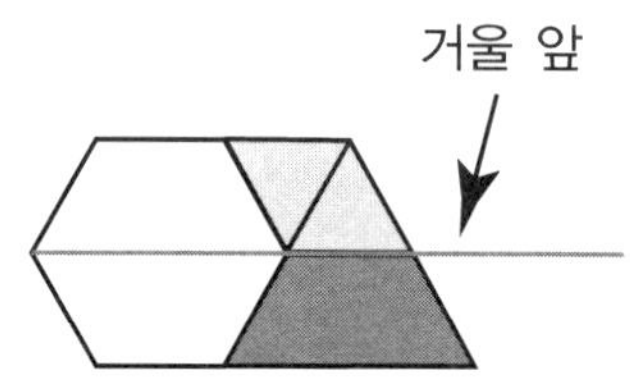

모양 6

[이것은 어떤 움직임입니까?] 해답

움직임 1은 밀기 또는 평행한 수직 방향으로 두 번 뒤집기를 한 것이다.

움직임 2는 오른쪽 아래 모퉁이를 회전의 중심으로 하여 오른쪽으로 90° 돌리거나 왼쪽으로 270° 돌린 것이다.

움직임 3은 두 도형들 간의 수직 방향으로 한 번 뒤집은 것이다.

움직임 4는 오른쪽 위쪽 모퉁이를 회전의 중심으로 하여 오른쪽으로나 왼쪽으로 180° 돌린 것이다.

움직임 5는 두 도형 간의 수평 방향으로 한 번 뒤집은 것이다.

움직임 6은 두 도형 간의 수직 방향으로 한 번 뒤집은 것이다.

[디자인 만들기] 해답

다음은 주어진 디자인 타일로 학생들이 만들 수 있는 디자인의 예이다. 다른 많은 디자인도 가능하다.

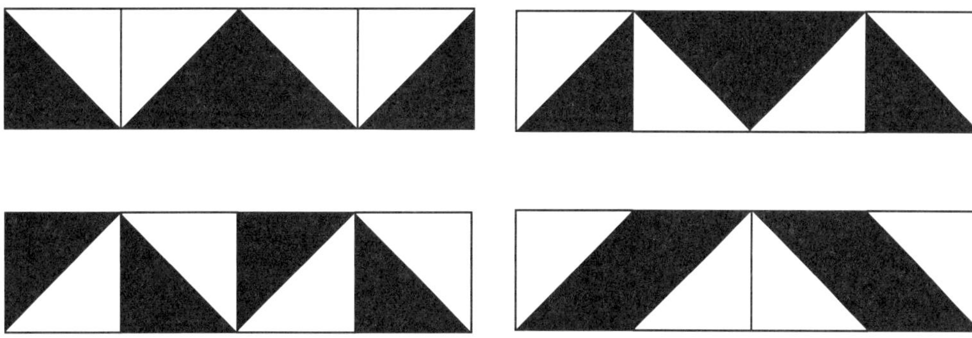

[자르기] 해답

이 자르기는 표시된 어떤 대칭축이라도 따라 접힐 수 있다.

1. 두 개의 대칭축

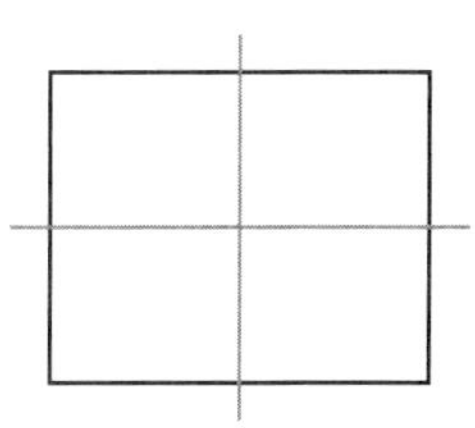

2. 무한 개의 대칭축

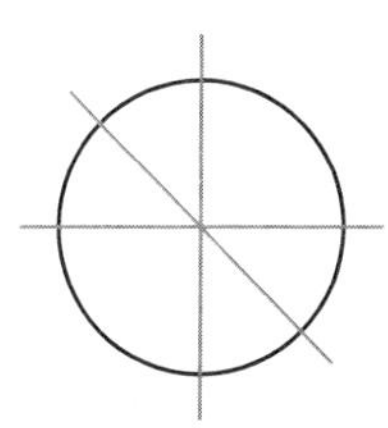

3. 한 개의 대칭축

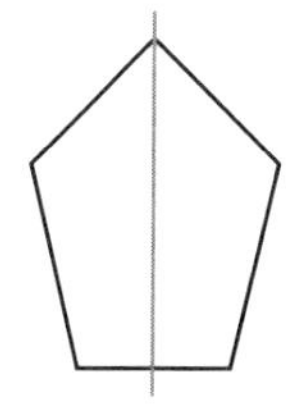

4. 한 개의 대칭축

5. 대칭축 없음.

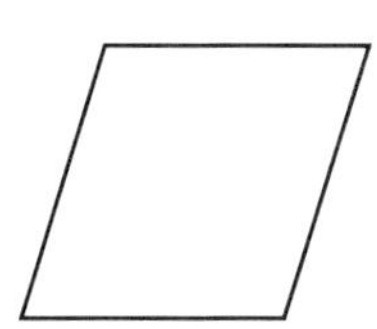

6. 한 개의 대칭축

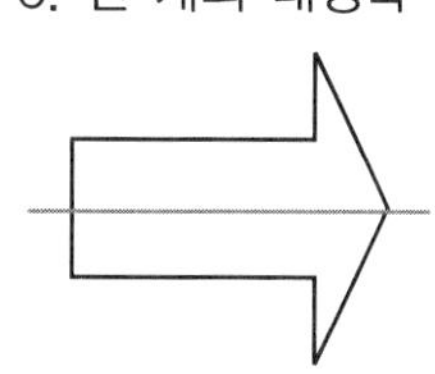

7. 한 개의 대칭축

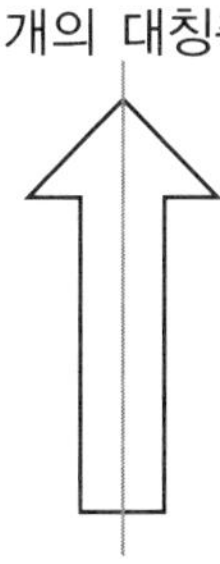

8. 대칭축 없음.

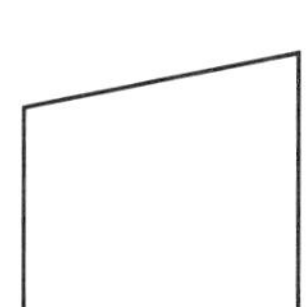

9. 대칭축 없음.

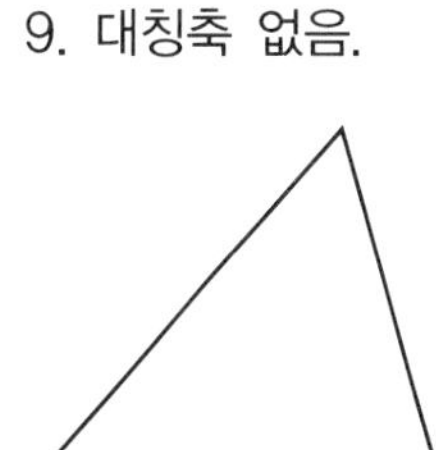

Navigating Through Geometry in Prekindergarten—Grade 2
by Gilbert J. Cuevas, Karol L. Yeatts

내비게이션 시리즈 ✵ 4

기하와 함께하는 여행 유아 · 유치원—초등 2

지은이 미국수학교사협의회
옮긴이 박만구 · 방정숙 · 정인숙
정인철 · 주미경 · 채정림
펴낸이 박문규
펴낸곳 KM 경문사
펴낸날 2012년 1월 5일 1판 1쇄
등 록 1979년 11월 9일 제9-9호
주 소 121-818, 서울특별시 마포구 와우산로 174
전 화 (02)332-2004 팩스 (02)336-5193
이메일 kyungmoon@kyungmoon.com

ISBN 978-89-6105-519-2
ISBN 978-89-6105-135-4(세트)

값 7,000원

★ 경문사 홈페이지에 오시면 즐거운 일이 생깁니다.
http://www.kyungmoon.com

한국과학기술출판협회 회원사